潜在

CHEERS

与最聪明的人共同进化

HERE COMES EVERYBODY

U0210285

科学大师书系

[美] 李·斯莫林 著
Lee Smolin
高晓鹰 译

Three Roads
to Quantum
Gravity

李·斯莫林讲量子引力

电子科技大学出版社
University of Electronic Science and Technology of China Press
· 成都 ·

测一测

你对量子引力了解多少?

扫码鉴别正版图书
获取您的专属福利

- 李·斯莫林参与创立了圈量子引力理论,这是构建量子引力理论最接近成功的一条道路。这种说法对吗?( )

  A. 对

  B. 错

想要了解更多量子引力的
常识吗?
扫码获取全部测试题及答案。

- "什么是空间和时间"是物理学中最简单也最难回答的一个问题。这种说法对吗?( )

  A. 对

  B. 错

- 量子引力理论是人类尝试构建"万物理论"的一个重要尝试。这种说法对吗?( )

  A. 对

  B. 错

什么是时间和空间

　　这本书要讨论的问题是物理学所有问题中最简单的一个:"什么是时间和空间?"然而,这个问题也是最难回答的问题之一。科学的进步可以用理论的革新来衡量,因为革新总会产生新的理论解释。我们现在就正处于这样一场革新之中,若干关于空间和时间的新思考、新观念已经涌现出来。借此,希望这本书能成为这个领域的最前沿报道。我写这本书的目的就是希望能用通俗易懂的语言来传递这些新观念,使任何有兴趣的读者都能了解这些令人激动的科学新发展。

　　我们很难去思考空间和时间,因为它们是所有人类经历的背景。事物总会在某处,事情也都发生在某一时间点上。因此,正如一个人可以不质疑本国文化而在其规则中生活，我们也可以在不了解时间和空间的本质的情况下正常存在。但在每个人的一生中，总会有一个瞬间想到关于时间的问题：时间会永远继续下去吗？有没有最初的瞬间？会有最后一刻吗？如果有最初的瞬间，那么宇宙是如何形成的呢？在那之前又发生了什么？如果没有最初的瞬间，这是否意味着所有的事情以前都发生过？空间也是一样：它是无边无际的吗？如果空间有尽头，那么尽头的另一端又有什么呢？如果没有尽头，我们能数得清宇宙中的所有物体吗？

我相信人类自诞生以来，就一直在思考这些问题。如果数万年前那些在洞穴里作画的古人，在晚餐后围坐在篝火旁时，没有互相讨论这些问题的话，那我倒会感到惊讶。

在过去 100 多年的时间里，人们已经知道物质是由原子构成的，而原子又是由电子、质子和中子构成的。这给我们上了重要的一课——人类的感知能力尽管有时令人惊异，但大多数时间却相当粗糙，以至于无法直接看到大自然的构成要素。人们总是需要新的工具才能看到最微小的东西。显微镜让我们看到构成人类和其他生物的细胞，但是要想看到原子，还需要放大 1 000 倍。现在，电子显微镜可以做到这一点了。并且，借助其他工具，如粒子加速器，我们还可以看到原子核，甚至是构成质子和中子的夸克。

所有这些发现都如此神奇，也使我们提出了更多的问题：电子和夸克是构成物质的最小单位吗？或者它们本身也是由更小的实体组成的？人们继续探索的时候，是否总能找到更小的东西，或者是否存在最小的单元？我们可能会以同样的方式探索空间：空间似乎是连续不断的，但这是真的吗？一定体积的空间能被划分成任意多个部分吗？或者存在一个最小的空间单位吗？有最小的距离吗？同样，我们也想知道，时间是无限可分的吗？有最小的时间单位吗？存在一个最简单的事件吗？

直到大约 100 年前，这些问题才有了一套公认的答案，这也构成了牛顿物理学的理论基础。直到 20 世纪初人们才认识到，这个体系虽然对科学和工程学的许多发展有很大的推动作用，但在回答关于空间和时间的基本问题时，却是完全错误的。随着牛顿物理学被推翻，这些问题终于有了新的答案。这些答案来自新的理论，主要是爱因斯坦的相对论（theory of relativity），以及尼尔斯·玻尔（Niels Bohr）、沃纳·海森堡（Werner Heisenberg）、埃尔温·薛定谔（Erwin Schrödinger）等人提出的量子理论（quantum theory）。但这仅仅是这场革新的起点，因为这两个理论都还不够完善，不足以作为物理学的新基础。虽然这两个理论都非常有用，能够解释许多事情，但每一个都是有限且不完善的。

量子理论的提出是为了解释为什么原子是稳定的，它并没有像牛顿物理学一样在描述原子结构时土崩瓦解。量子理论也解释了许多物质和辐射的性质。量子理论与牛顿理论适用的范围不同，虽然不是唯一的，但量子理论主要适用于分子及更小的单位尺度。相比之下，广义相对论（general relativity）是一个关于空间、时间和宇宙的理论。与牛顿理论相比，广义相对论适用于更大的尺度，所以许多证实广义相对论的观测都来自天文学。然而，当广义相对论遇到原子和分子的行为时，它似乎就失效了。同样，量子理论似乎与爱因斯坦的广义相对论对空间和时间的描述不相容。因此，人们不能简单地将这两者结合起来，构建一个理论来同时解释原子和太阳系，再到整个宇宙。

要解释为什么很难将相对论和量子理论结合起来并不困难。任何物理理论都不仅仅是一种关于世界上存在着什么粒子和力的记载。当我们环顾四周，开始描述所看到的东西之前，必须对自己做的科学研究做出一些假设。人们都会做梦，大多数人在醒着的时候，可以毫不费力地将梦与自身的真实经历区分开来。人们都会讲故事，大多数人也都坚信事实和虚构之间是有区别的。因此，基于梦、故事与现实之间的不同关系的假设，我们会以不同的方式谈论它们。这些假设可能因人而异，因文化而异，而且会被各类艺术家作为主题修改。但是无论有意或无意，如果它们没有被阐明，就可能会导致混乱和迷茫。所以，先阐明这些假设非常重要。

同样，不同物理理论对其所观测到的现象和事实所做的基本假设也是不同的。如果不仔细地解释这些假设，在我们试图比较不同理论对世界的不同描述时，就会产生混乱。

本书的讨论主要从两个非常基本的问题展开，其所依据的理论各不相同。其一是空间和时间的本质是什么。牛顿物理学给出了一个答案，广义相对论则给出了另一个答案，后文会详细介绍。值得注意的是，爱因斯坦彻底地改变了人们对空间和时间的理解。

其二是观察者与其观察到的系统有什么关系。这里必须存在某种关系，否则观察者甚至不会意识到这个系统的存在。但是，对于观察者和被观察对象之间的关系，不同理论的假设差异很大。特别是，量子理论对这个问题所作出的假设与牛顿物理学完全不同。

然而，量子理论虽然彻底改变了观察者与被观察对象之间关系的假设，却没有改变牛顿物理学对时空本质的解释。爱因斯坦的广义相对论则正好与之相反，在广义相对论中，空间和时间的概念发生了根本性的变化，而牛顿物理学对观察者与被观察对象之间关系的看法则被保留下来。每个理论似乎都有正确的一面，并且都保留了与另一个理论相矛盾的旧物理假设。

因此，相对论和量子理论只是革新中的第一步，在长远的未来，这场革新必将持续下去。要完成这场革新，我们必须找到一个能够把相对论和量子理论的观点汇集在一起的新理论。这一理论必须以某种方式融合爱因斯坦所倡导的时空概念以及量子理论所秉持的关于观察者与被观察对象关系的看法。如果做不到，那就必须摒弃这两个理论，并找到新的答案来解释什么是空间和时间，以及观察者与被观察对象之间的关系。

新的理论暂时还未完成，但它已经有了一个名字：量子引力理论（quantum gravity theory）。这是因为该理论的一个关键部分涉及将量子理论向引力理论扩展，而量子理论是理解原子和基本粒子的基础。我们现在普遍从广义相对论的角度理解引力，认为引力实际上是空间和时间结构的一种表征。这是爱因斯坦最令人惊讶也最美丽的顿悟，对于这一点，后文会进一步论述。我们现在面临的问题，用基本物理学的行话说，是将爱因斯坦的广义相对论与量子理论统一起来，这种统一的产物就是量子引力理论。

量子引力理论将提供关于空间和时间本质的新答案，但这不是全部。量子引力理论必须是关于物质的理论，所以它必须包含 20 世纪获得的对基本粒子及其支配力量的全部解释。量子引力理论也必须是一个宇宙学的理论，它会回答现在看来非常神秘的关于宇宙起源的问题，例如宇宙大爆炸究竟是最初的时刻，还是仅仅是一个与以前存在的世界不同的世界的过渡。它还可以告诉我们生命的出现是不是必然，人类的存在是否仅仅是一场幸运的意外。

在步入 21 世纪之时，科学界最具有挑战性的问题莫过于完成这一理论。大多数人可能会想，这是否太难了？它是否会因为某个数学问题或意识的本质问题而永远无法得到解决？一旦你看到问题的宏大，那么持有这种观点并不奇怪，甚至许多优秀的物理学家也深以为然。二三十年前，当我在大学里开始研究量子引力理论时，一些老师就告诉我，只有傻瓜才会研究这个问题。的确，那时很少有人认真研究量子引力。

　　我在研究生院的导师西德尼·科尔曼（Sidney Coleman）试图说服我去做别的研究。当我不肯放弃时，他告诉我，他给我一年时间进行该研究，如果一年后我不能取得进展，他就分配给我一个更具有可行性的基础粒子物理项目。然后，他帮了我一个大忙：请这个领域的先驱之一斯坦利·德塞（Stanley Deser）关照我，他们两人一起做我的导师并分担对我的监督职责。德塞是当时被称为超引力的新引力理论的提出者之一，几年来，超引力似乎解决了许多以前其他方法无法解决的问题。另外，在我读研究生的第一年，我还有幸听到了另一位学者的演讲，他对探索量子引力做出了重要贡献，这位学者就是杰拉德·特·胡夫特（Gerard't Hooft）。我从他们的工作中学习到了重要的一课——如果能够忽视所有怀疑并继续坚持，就有可能在一个似乎不可能解决的问题上取得进展。毕竟，人们已经发现了原子的构成，因此引力和量子之间的关系对我们来说也并不是问题。如果这是个问题，那一定是因为在我们的思维中，存在至少一个，也可能是几个错误的假设。而且，这些假设涉及空间和时间的概念，以及观察者和被观察对象之间的关系。

　　我当时很清楚，在找到量子引力理论之前，我必须首先分离出这些错误的假设。这个过程得以推动是因为有一个根除错误假设的策略，即尝试构建理论，然后找出它失效的点。在此之前，我们进行的所有研究迟早都会进入死胡同。这也许打击了很多人，但这是必要的工作，而且在一段时间内，做好这些工作就足够了。

现在的情况已全然不同。虽然我们还没有完全达成目标，但在这个领域工作的人很少会怀疑目前人们已经取得的巨大进展。自 20 世纪 80 年代中期以来，我们就开始寻找把量子理论和相对论结合起来的方法，而这些方法与之前所有的尝试都不同，并没有走向失败。因此我们可以说，在过去几年中，量子引力理论的大部分问题已经得到解决。

我们取得的进展导致量子引力的研究突然变得时髦起来。几十年前，从事这方面工作的只有少数先驱，现在，这个领域的工作者已经发展成为一个庞大的群体，他们全职地致力于攻克量子引力某个方面的难题，即分割成不同的群体，探求不同的方法，如弦、圈、扭量（twistors）、非交换几何和拓扑学（topology）。不过，这种过度的专一化产生了不良后果。在量子引力研究的每个领域，都有一些人确信自己的方法是解决问题的唯一关键。遗憾的是，他们中大多数人并不了解那些让人振奋的成果得益于其他方法。甚至在某些情况下，专注于某种方法的工作者似乎并没有意识到，他们认为困难的问题已经完全被采取另一种方法的研究者解决了。也就是说，许多从事量子引力某些方面研究工作的人，对这个领域的视野不够宽广，因此不能及时了解量子引力研究取得的所有进展。

量子引力理论似乎与目前的癌症研究或进化论研究有些相似，这一点并不令人惊讶。因为这个问题很难解决，就如同不同登山者用不同的办法登顶处女峰，不同的研究者可以尝试不同的方法。当然，其中一些方法最终将完全失败。但是，至少在量子引力理论的研究中，最近有好几种方法似乎真正发现了时间和空间的本质。

在我写这本书的时候，最引人注目的进展是把通过不同方法获得的不同经验汇集起来，以便将它们纳入一个单一的理论，即量子引力理论。虽然该理论还没有完全建立起来，但确实有了很大进展，这是后文论述的基础。

我是一个非常乐观的人，我个人的观点是，几年之后，我们就能够建立起完整的量子引力理论，但确实也有朋友和同事，他们对此比较谨慎。所以我想强调的是，以下是我个人的观点，并非每位研究量子引力理论的科学家或数学家都会赞同。同时，我还要补充一点，该理论仍然有几个问题尚待解决，搭建拱门的最后一块石头还没有找到。

此外，必须强调的是，到目前为止，我们还不可能用实验来检验任何一种新的量子引力理论。直到现在，人们依然认为现有技术无法检验量子引力理论。因此，要让该理论接受科学实验数据的检验，还需要许多年的时间。不过，这种悲观态度可能是缺乏远见的。保罗·费耶拉本德（Paul Feyerabend）等科学哲学家们强调：新的理论通常会提出可以用来检验它们的新型实验。量子引力理论的研究也是如此。就在最近，科学家已经提出了一些新的实验方法，在不久的将来，量子引力理论中的一些预测将能够被检验。这些新的实验将以意想不到的方法利用现有技术，来研究那些旧的理论认为与量子引力无关的现象。这确实是量子引力理论真正有所发展的迹象。不过，我们决不能忘记，在被实验证实之前，无论新理论看起来多么美丽且引人入胜，它们都有可能是完全错误的。

在过去的几年中，从事量子引力研究的许多人越来越感到振奋和自信。在逐渐逼近量子引力理论这只"野兽"的过程中，我们不可避免地会产生这种感觉：它可能还没有彻底落入网中，但它已经被逼到了角落，我们已经能够隐约瞥见它的一角。

在通往量子引力的众多途径当中，最近的研究和大多数进展都是沿着三条宽阔的道路前行的。考虑到量子引力是由相对论和量子理论这两个理论的统一而产生的，相对论和量子理论这两条道路都在意料之中。第一条是量子理论的道路，其中大部分的思想和方法都是首先在量子理论的其他部分发展起来的。第二条是相对论的道路，从爱因斯坦广义相对论的基本原则出发，科学家正在修正它们使之能够解释量子现象。这两条道路各自产生了一个经过深刻研究、部分成功的量子引力理论。第一条道路产生了弦理论，而第二条道路则产生了圈量子引力理论。

弦理论和圈量子引力理论在一些基本问题上取得了一致见解。它们一致认为，存在这样一个物理尺度，在这个尺度上，空间和时间的性质与我们观察到的大不相同。这个尺度非常小，小到即使用最大的粒子加速器做实验也遥不可及。事实上，它可能比我们迄今探索的所有尺度都要小得多。它通常被认为比原子核小 20 个数量级（即 $1/10^{20}$）。然而，我们并不能具体确定这个尺度，最近有一些富有想象力的研究进展，如果这些研究进展被证明有效，将会把量子引力效应放大到我们现有的实验能力范围之内。

量子引力用来描述时空的尺度被称为普朗克尺度。弦理论和圈量子引力理论都是基于这个微小尺度的时空理论。我将要论述的内容之一就是，每个理论所描述的图景是如何融合在一起的。并非所有人都认同，但越来越多的证据表明，这些不同的方法就像不同的窗口，但它们通向同一个非常微小的世界。

话虽如此，我还是要声明这只是我的一家之言，并非没有偏见。我是第一批研究圈量子引力的人之一。除了纯粹的个人生活，我生命中最闪亮的日子就是那个时候——经过几个月的艰苦工作，突然有那么一瞬，我们领悟了圈量子引力的一个基本知识。和我一起做这些研究的人是我的终生挚友，我们对自己的发现抱有同等的热爱和希望。在那之前，我主要研究的是弦理论。在过去的 4 年里，我的大部分工作研究的都是这两个理论之间的广阔领域。我相信弦理论和圈量子引力理论的基本方向都是正确的，我在本书要描述的世界图景，就是认真对待这两种理论的结果。

除了弦理论和圈量子引力理论外，量子引力理论的研究还有第三条道路。采取第三条路径的研究者认为，相对论和量子理论缺点太多、不够完善，不适合作为研究起点，因而抛弃了它们。但是，这些人仍然是在与基本原理做斗争，并试图直接从基本原理出发形成新的理论。尽管引用了旧的理论，但他们并不惧怕创造全新的概念世界和数学形式体系。

因此，不像其他两条道路都有大量人在做研究，研究结果足以展示人类行为的全部范围，沿着第三条道路研究的只有寥寥数人，他们各自追求各自的理想，其中有人是预言家，有人是"傻瓜"，他们宁愿选择这样一条非常不确定的道路，也不愿与志同道合者沿同一条道路前行。

他们沿着第三条道路探寻的动力是诸如"时间是什么""我们如何描述一个我们身处其中的宇宙"一类深奥的哲学问题。这些问题都很复杂，但我们时代的这些伟大的头脑选择了迎头解决它们，我相信，在这条道路上量子引力理论也会取得巨大进展。在某些情况下，如面对回答这些问题的任务时，一些相当令人惊讶的新想法已经被提出，它们提供了一个概念框架，使我们能够迈出下一步，着手建立量子引力理论。

一些人在第三条道路上发现了一个数学结构，一个起初似乎与其他任何东西都无关的结构。该领域较为保守的成员往往认为这些结果与现实没有什么联系，但这些批评者有时也不得不收回自己的话，因为人们在前两条道路的探索中也意外地发现了同样的结构，并能够解决一些似乎不可能解决的问题。这证明根本问题从来都不是在偶然情况下解决的。发现这些结构的人是故事中真正的英雄。他们是阿兰·孔涅

（Alain Connes）、戴维·芬克尔斯坦（David Finklestein）、克里斯托弗·艾沙姆（Christopher Isham）、罗杰·彭罗斯（Roger Penrose）和拉斐尔·索金（Raphael Sorkin）。

　　本书将围绕这三条道路展开论述。读者会发现它们相互之间比看起来更接近，因为它们通过很少使用，甚至有点多余的，但仍然可以走得通的路径联系起来。我认为，如果把所有道路上的关键理论和发现结合起来，一幅明确的图景就会展现出普朗克尺度的世界是什么样子的。我想通过展示这种图景来告诉大家，我们的研究结果与量子引力问题的最终解答有多接近。

　　我把这本书的读者群定位于那些聪明的非专业人士，那些对物理学前沿正在发生什么感兴趣的人。我假设读者在阅读这本书之前没有任何有关相对论或量子理论的知识。因此，我相信没有读过任何关于这些主题的文章的读者都能读懂这本书。同时，只有当需要用相对论和量子理论来解释某些东西时，我才会引入这两种理论的相关思想。我本可以按照初级水平对相关的大部分学科解释得更多。但是，如果想要给出这些学科的完整介绍，那这将是一本很厚的书，这并非我的初心。

　　我还必须强调，在大多数情况下，我没有对本书所提到的想法和发现的提出者给予应有的赞扬。我们所掌握的关于量子引力的知识并不是来自两三个"新爱因斯坦"。相反，这些知识是一个庞大且日益壮大的科学家群体几十年来辛勤努力的结果。在大多数情况下，只列举几个人对科学家和读者而言都非常不公平，这样会强化"科学由几个孤立的伟大人物所完成"的神话。即使是在量子引力这样的小领域中，要想接近真理也需要一大群人的持续努力。除了那些首次接触这些思想的读者知道的贡献者外，还有更多的贡献者应该被提及。

我深度参与过几项研究，有幸知道发生了什么，所以我在书中讲述了这些发现过程。我认为，只有告诉读者真相的时候，他们才会觉得有趣，所以，我很高兴去介绍一些非常人性化的故事来说明科学研究实际上是如何进行的。但是，我还做不到具体讲明每个人的贡献，因为尽管我在过去20年中密切地跟进了这些研究，但讲述时仍不可避免地会出错。

在冒昧地讲这几个故事的同时，我可能也会让读者误会我做的工作比这个领域其他人做的工作更重要。但事实并非如此。我当然相信自己在研究中探索发现的方法，否则我就得不到那些值得去写的观点。但同时我也认为，我能够公平地评估所有不同方法的优缺点，而不仅仅是自己探索出的那些方法。最重要的是，作为量子引力研究群体的一员，我感到非常荣幸。如果我是一个真正的作家，精于传达人物性格的写作手法，那么我最希望的莫过于描述一下这世界上我非常敬佩的一些人，我不断向其学习的人，以及我得到的每一个机会。但可惜，我才能有限，只能讲述几个我尤为熟悉的人，几件我特别清楚的事。

当我们的探索任务完成之后，我相信一定会有人把探索量子引力的科学研究过程写成很棒的作品。不论是我认为的几年之后，还是我一些悲观的同事认为的几十年之后，这都将是一个美好的故事。这个美好的故事中，有人类的美德、勇气、智慧和远见，也有在学术政治中表现出来的最普通的灵长类动物的行为。我希望，将要写就的那个故事能以一种颂扬做这项研究的各方学者的方式写成。

本书的每一章都介绍了科学家探索量子引力理论的一个环节。从四个基本原则出发，确定如何探讨空间、时间和宇宙的本质，这构成了本书第一部分。在此基础之上，第二部分将描述迄今为止在量子引力的三条研究道路上得出的主要结论。把这两部分结合起来，我们就会得到一个基于最小的时间和空间尺度的世界图景。本书的第三部分，将介绍这个学科的"当今前沿"。其中有一种叫作全息原理（holographic principle）的新原理，它很可能是量子引力理论的基本原理。结语部分讨论了如何将量子引力的不同方法汇集到一个理论中去，在可预见的将来，这个理论似乎能够回答关于空间和时间的本质的问题。另外，我还就塑造当前宇宙的力量究竟是什么进行了反思。

接下来，我们从第一个原则开始介绍。

目录

THREE ROADS TO QUANTUM GRAVITY

I

量子引力理论的基石:
宇宙的本质

01
宇宙学第一原则：
宇宙之外什么都没有

　　人类是会制造工具的物种。因此，当我们发现一些外表精致、结构复杂的东西时，便会本能地问："谁创造了它？"但是，我们在准备科学地了解宇宙之前必须知道，这并不是一个应该问的问题。诚然，宇宙是美丽的，因为它有着错综复杂的结构。但它不可能是由存在于它之外的任何东西创造出来的，因为根据定义，宇宙就是一切，在它之外什么也没有。同样，根据定义，在宇宙诞生之前也不可能有任何东西创造了它，因为即使有什么东西存在，它也一定是宇宙的一部分。所以宇宙学第一原则就是"宇宙之外什么都没有"。

　　但这并不是要否定宗教或是神话，因

为那些信仰者所寻求的灵感和启迪总会有存在的空间。然而，如果我们渴求的是知识，如果我们想了解宇宙是什么以及它是如何形成的，我们就需要找出那些切身问题的答案。并且，问题的答案只能涉及宇宙之中存在的事物。

第一原则意味着我们需要把宇宙定义为一个封闭系统。也就是说，对宇宙中任何事物的解释，只能涉及宇宙中也存在的其他事物。这将会产生非常重要的各种推论，在接下来的章节中，每一个推论都将被反复提及。其中最重要的一点是，对宇宙中任何实体的定义或描述都只能涉及宇宙中的其他事物。如果某个物体有一个位置，则这个位置只能相对于宇宙中的其他物体来描述。如果它有一个运动，那么这个运动只能通过观察它相对于宇宙中其他物体的位置的变化才能被识别出来。

独立于现实世界中现实事物关系之外的空间是没有意义的。空间不是一个舞台，可空可满，物体可以在其上来来去去。空间与其间存在的事物密不可分，它只是物体之间众多关系中的一个方面而已。从某种意义上讲，空间就像一个英文句子。谈论一个没有单词的句子是荒谬的。每个句子都有一个语法结构，该结构被包含于其中的单词与单词之间的关系定义，类似于主语 – 宾语或形容词 – 名词的关系等。如果我们把句子中所有的单词都去掉，那么不仅句子不复存在，什么都不存在了。此外，语法结构多种多样，对不同单词进行不同的排列，可形成不同的关系。没有一个绝对的句子结构能够独立于特定的单词而普适于所有的句子。

宇宙的几何学特征特别像英语句子的语法结构。如果没有单词之间的关系，语法结构和句子就不复存在。同理，如果没有宇宙中物体之间的关系，空间也就不复存在。如果你通过去掉一些单词或者调整单词的顺序来改变一个句子，句子的语法结构也就随之发生改变。同样，当宇宙中的物体彼此之间的关系发生改变时，空间几何也会随之改变。

综上所述，谈论一个空无一物的宇宙是荒谬的，和谈论一个没有单词的句子一样荒谬。而谈论一个只有一件东西的空间就显得更加荒谬了，因为那样的话，就没有任何关系来定义这个东西到底在什么位置。在这里，前文中的类比不再适用，因为确实有只含一个单词的句子存在。然而，我们通常会借助它与相邻句子的关系来弄明白只有一个单词的句子的意思。

认为空间独立于任何关系而存在的观点被称为绝对时空观。这是牛顿的观点，已被证实的爱因斯坦广义相对论的实验所证伪。随之便产生了根本性的影响，人们需要进行大量的思考才能够重新适应。然而，仍有不少专业物理学家坚持绝对时空观，他们坚持认为空间和时间具有绝对意义。

当然，空间的几何形状看上去确实不受周围运动物体的影响。当我从房间的一边走到另一边时，房间的几何形状似乎并没有改变。在我穿过房间之后，房间里的空间似乎与我开始运动前一样，仍然符合我们在学校里学过的欧几里得几何（Euclidean geometry）的规则。如果连欧几里得几何都不能很好地描述我们周围物体的规律，牛顿理论就更不可能了。但是，表面上的欧几里得空间几何，其实和地球表面看上去很平坦一样，是一种错觉。只有当我们看不见视界时，地球看起来才是平坦的。但当我们能看到足够远的地方，如在飞机上俯瞰大地或者眺望大海时，就可以很容易知道这是错误的。同样，你所在房间的几何形状似乎符合欧几里得几何的规则，只是因为这些规则的偏离非常小。但是如果你做了非常精确的测量，就会发现房间里三角形的内角之和不等于180度。而且，内角总和实际上取决于三角形和房间里的东西之间的关系。其实，如果测量足够精确，你就会发现，当你从房间的一边移动到另一边时，房间里所有三角形的几何形状都会发生改变。

也许每一门科学都有一个主要的理论来启迪人类，帮助我们了解自己是谁，在这里做什么。生物学教给我们自然选择（nature selection），正如它的倡导者理查德·道金斯（Richard Dawkins）[1]和林恩·马古利斯（Lynn Margulies）曾经雄辩地教导我们的那样。我认为相对论和量子理论教给我们的是，世界只不过是一个不断发展的关系网络。虽然我的口才不足以让我成为相对论领域的道金斯或马古力斯，但我真的希望，读完这本书后，你们能逐渐认识到，空间和时间的关系图就像自然选择一样，不仅对科学，而且对如何认识我们是谁及我们如何在这个不断变化的关系世界中生存都有深刻的影响。

达尔文的理论告诉我们，人类的出现并非不可避免，宇宙中没有永恒的秩序规定人类必须存在。我们的进化历程比生活和社会中的一些细节更加复杂和不可预测，而那些细节我们还可以有所控制。世界从根本上说是一个不断发展的关系网络，这个事实说明，世界上的所有事物或多或少都是如

---

[1] 著名进化生物学家，英国皇家科学院院士，被誉为"无神论四骑士之一"，讲述其代表性研究成果的畅销书《道金斯传》（全2册）、《科学的价值》、《基因之河》中文简体字版已由湛庐策划，分别由北京联合出版公司、天津科学技术出版社、浙江人民出版社出版。——编者注

此。宇宙没有固定的、永恒的框架来定义什么可能存在，什么可能不存在。除了我们所看到的，除了它特殊的历史之外没有其他背景，世界的另一边没有任何东西。

这种关系空间的观点由来已久。早在 18 世纪，哲学家戈特弗里德·威廉·莱布尼茨（Gottfried Wilhelm Leibniz）就宣称牛顿的物理学有致命的缺陷，因为它建立在一种逻辑并不完美的绝对时空观之上。还有一些哲学家和科学家，如19 世纪末在维也纳工作的厄恩斯特·马赫（Ernst Mach），也是关系空间观点的拥护者。爱因斯坦的广义相对论正是这种观点的直接产物。

令人困惑的是，爱因斯坦的广义相对论可以自洽地描述不包含任何物质的宇宙。但这会使人觉得该理论不具有相关性，因为有空间，空间里却没有物质，就不能够定义空间里的物质之间的关系。这种认知是错误的，错误之处在于认为定义空间的关系必须存在于物质粒子之间。而事实上，从19 世纪中叶起人们就知道，世界并不仅仅是由粒子组成的。另有一个相反的观点认为，世界也是由场组成的，该观点奠定了 20 世纪物理学的基础。场是在空间中不断变化的量，如电场。

电场通常被可视化为围绕场源物体的力线网络（如图 1-1 所示）。称其为场是因为存在通过每一点的力线，不像等高线图，只画出一定间隔的线。我们把带电粒子放在电场中的任何一点，它都会受到一个力，这个力推动它沿着穿过该点的电场线运动。

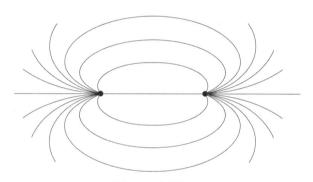

图 1-1　电场图示

广义相对论是场理论，所涉及的场被称为引力场。引力场比电场更复杂，并且被可视化为更复杂的场线集合（如图 1-2 所示），它需要三组线条来表达。我们可以想象它们有不同的颜色，比如红色、蓝色和绿色。因为有三组场线，所以引力场定义了一个关系网络，即三组场线如何彼此连接。例如，三种场线中的一种绕另一种打了多少个结，人们可以基于此去描述这些关系。

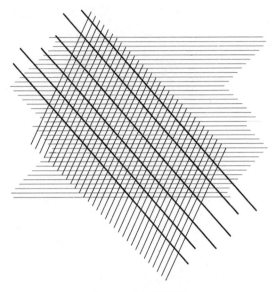

图 1-2　引力场图示

引力场就像电场，但需要三组场线来描述。

空间中的点本身是不存在的，点的唯一含义是我们基于三组场线之间的关系网络中的某一特定属性所起的名称。

事实上，这些关系就是引力场的全部。以相同方式连接和缠结的两组场线定义了相同的关系，准确地说，是定义了相同的物理状态（如图 1-3 所示）。这就是为什么我们把广义相对论称为关联理论。

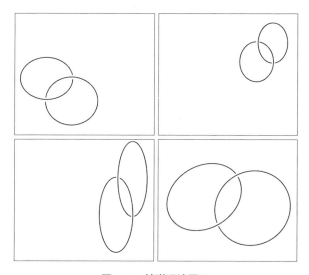

图 1-3　关联理论图示

在关联理论中，重要的是场线之间的关系。这四种结构关系是
等价的，因为在四种情况下，两条曲线都以相同的方式联结。

　　这是广义相对论和其他理论，如电场理论的重要区别之
一。电场理论假定点是具有实际意义的，对于给定的某个
点，场线通过的方向问题是有意义的。因此，两组相同的电
场线仅其中一组向左移动一米（如图 1-4 所示），就可以用
来描述不同的物理状态。运用广义相对论的物理学家必须以
相反的方式工作。如果不能通过一些场线的特点来辨别一个
点，他们就不能谈论这个点。广义相对论中的所有论述都是

关于场线之间的关系的。

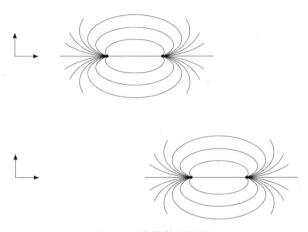

图 1-4 非关联理论图示

在非关联理论中，场线在绝对空间中也同样重要。

　　人们可能会问，为什么不固定场线的关系网络，从而以其为基础定义其他所有东西？原因是关系网络会随着时间的变化而变化。除了少数与现实世界无关的理想化例子，在广义相对论描述的所有世界中，场线的关系网络都在不断变化。

　　关于空间的问题上文已经做了详尽的解释，现在我们谈谈时间问题。牛顿理论认为，时间具有绝对的意义。它从无限的过去流向无限的未来，在宇宙的任何地方都一样，与实际发生的事物没有任何关系。变化是以时间为单位来衡量的，但时间是超越宇宙中任何特定变化过程而存在的。

在 20 世纪，科学家认识到，这种时间观和牛顿的绝对空间观一样，都是错误的。现在我们知道，时间也没有绝对的意义。没有变化就没有时间。时间不可能独立于不断变化的关系网络之外存在。所以，人们不能在绝对意义上问，事物的变化速度有多快，因为我们只能得到一个过程相对于另一过程的速度。时间只能依据描述空间的关系网络的变化来进行描述。

这意味着，在广义相对论中，谈论一个什么都没有发生的宇宙是荒谬的。时间只不过是变化的度量衡，因为它没有别的意义。在构成宇宙的不断演化的关系体系之外，空间和时间都不会存在。物理学家把广义相对论的这一特征称为背景独立。

也就是说，没有固定的背景或阶段可以永远保持不变。相反，像牛顿力学或电磁学这样的理论是依赖背景的，因为它通过假定存在一个固定不变的背景，来为所有关于时间、空间的问题给出终极答案。

　　构建量子引力理论之所以需要花费这么长时间，其中一个重要的原因是以前所有的量子理论都是背景依赖的。事实证明，构建一个背景独立的量子理论是相当具有挑战性的。在这种量子理论的数学结构中，除了通过关系网络来确认的点，对"点"这一概念并无提及。在 20 世纪最后 15 年中，在空间和时间只不过是关系网络的共识下，由量子理论描述的世界终于被构建出来。由此产生的理论即圈量子引力理论，这是研究量子引力理论的三条道路之一。在此之前，我们还得探讨宇宙之外没有任何东西这一原则的其他含义。

02
宇宙学第二原则：
我们处在宇宙之中

　　我们不可能在宇宙之外存在，这显然是不争的事实，下面让我们来分析一下原因。在科学研究中，我们习惯于认为观察者必须脱离他们所研究的系统，否则他们就是系统的一部分，不能持有一个完全客观的观点。而且，他们的行为和选择可能会影响系统本身，这意味着他们的存在本身就可能破坏他们对系统的理解。

　　出于这个原因，人们都在尽可能地频繁研究那些与观察者有明确界限的系统，这在物理学和天文学中可以实现，这些科学也被认为"更难"。人们认为这些科学比社会科学更客观、更可靠，因为在物理学和天文学中，要将观察者从系统中剔除似乎没有困难。而在"软性"社会科学中，科学家本身就是他们所研究的社会的参与者这一事实是无法回避的。当然，我们可以尝试将这种情况的影响降到最低，不论好坏，社会科学的许多方法都是基于这样的信念建立的：一个人能将观察者从系统中剔除得越彻底，他的研究就会变得越科学。

当涉及的系统可以被隔离时，例如在真空室或试管中，这一切都很好理解。但是如果我们想要理解的系统是整个宇宙呢？我们真切地生活在宇宙中，所以需要拷问一下，如果宇宙学家也是他们所研究的系统的一部分，那么这是否会引起一系列问题？答案是肯定的，并且这些问题可能包括量子引力理论中最具挑战性和最令人困惑的问题。

事实上，这个问题的一部分与量子理论无关，而是来自20世纪早期的两个最重要的发现。其一，没有什么能比光传播得更快；其二，宇宙似乎是在有限的时间之前创生的。目前科学家估计这个时间是 140 亿年左右，但确切数字并不重要。这两个发现意味着我们无法观测到整个宇宙，而只能看到 140 亿光年（光在 140 亿年的时间内可以传播的距离）范围内的事物。这就意味着在原则上，科学不能为我们可能提出的任何问题提供答案。比如，我们没有办法得知宇宙中总计有多少只猫，甚至也没有办法知道宇宙中总计有多少个星系。原因很简单，宇宙中的任何观察者都不能看到整个宇宙。在地球上，我们无法接收到来自超过 140 亿光年外的猫或者星系的光。因此，如果有人声称，宇宙中的猫比在地球上所能看到的还要多 212 400 000 043 只，我们也无法证明这是否正确。

然而，宇宙的跨度很可能比 140 亿光年大得多。解释这个会让我们离题太远，简单来说，我们还没有找到任何证据表明宇宙要么终结，要么封闭。在所能看到的事物中，没有任何特征表明，它不仅仅是巨大整体的一小部分。如果真是这样，那么即使有再完美的望远镜，我们也只能看到宇宙的一小部分。

从亚里士多德时代开始，数学家和哲学家就开始研究逻辑问题。他们的目的是建立据以推理的法则。从一开始，逻辑就假定每一个陈述都是正确或错误的。一旦这个假设成立，就可以从其他的真命题中推断出真命题。但当涉及对整个宇宙的推理时，这种逻辑是完全不适用的。假设我们算出宇宙中所有能看见的猫的总数是一万亿只，并可以证实它。但是，对于诸如"宇宙大爆炸发生 140 亿年后，整个宇宙中有 100 万亿只猫"这样的说法又如何证实呢？这可能是真的，也可能是假的，但作为地球上的观察者，我们绝对没有办法判断正误。事实上，与我们的距离不足 140 亿光年的猫，也可能有 99 万亿只，甚至可能是无穷多只。虽然这些都是我们可以陈述的断言，但我们不能断定它们是真还是假。任何其他观察者也都无法断定关于宇宙中猫的数量的任何说法的真实性。由于猫只需要大约 40 亿年的时间就能在一个星球上进化产生，所以没有人知道猫是否已经在离他足够遥远的地方进化出来了，因为从它们神秘的眼睛反射出来的光线还来不及到达他身边。

然而，古典逻辑学要求每个陈述必须是真或是假。因此，古典逻辑不是关于我们如何推理的描述。古典逻辑只适用于宇宙之外的人，即那些能看到整个宇宙并数出其中所有的猫的人。但是，如果我们坚持自己的观点，即宇宙之外没有任何东西，这样的人就不存在。因此，研究宇宙学需要一种不同形式的逻辑，即一种不要求每个陈述都能够被判断为真或为假的逻辑。在这种逻辑中，观察者对宇宙所做的陈述至少可分为三类：一类是能够判断为真实的，一类是能够判断为虚假的，一类是目前无法判定其真假的。

根据古典逻辑学的观点，一个陈述可以被判定为真或为假，这个问题是绝对的，因为它只依赖于陈述，并不依赖于做判断的观察者。显而易见，在宇宙中，这是不正确的，其原因与前文所述密切相关。一个观察者只能看到宇宙的一个部分，而且，他能看到的那一部分还取决于其在宇宙历史中的位置。我们可以判断关于英国辣妹组合的陈述是否属实。但是，与我们在时间轴上相距 140 亿年以上的观察者则不能，因为他们无法收到任何让他们怀疑或相信这种现象存在的信息。因此，我们可以得出这样的结论：能否判断一个陈述的真实性，在某种程度上取决于观察者与陈述对象之间的关系。

此外，10 亿年后的地球上的观察者将能够看到更广阔的宇宙，因为他们将会有 150 亿光年的视野，而不是我们现在的 140 亿光年。他们能看到我们能看到的一切，以及更多我们看不到的，因为他们能看得更远（如图 2-1 所示）。他们或许还能看到更多的猫。因此，他们能够判断出我们所能判断的一切陈述的真假，而且更多。或者假设有一个观察者，一如我们，他也生活在大爆炸发生 140 亿年后，但距离我们有 1 000 亿光年。许多宇宙学家认为宇宙的宽度至少有 1 000 亿光年，如果这是真的，那么在距离我们 1 000 亿光年的地方一定有智慧的观察者。但是他们所看到的宇宙与我们所看到的宇宙没有重叠。因此，他们所能够判断真假的陈述，与我们在地球上可以判断真假的陈述是完全不同的。如果有一种逻辑学能够普适于宇宙学，那么这种逻辑学必须可以让观察者决定陈述是否正确。与古典逻辑学假设所有观察者都能判断所有陈述的真假不同，这种逻辑学必须依赖于观察者。

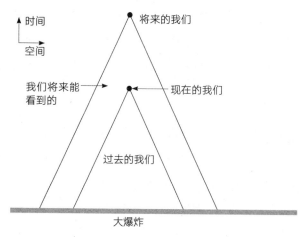

图 2-1　未来观察者能看到的宇宙

未来的观察者能比现在的我们看到宇宙更多的部分。斜线表示从过去向我们传播光线的路径。由于没有什么东西能比光传播得更快，我们过去所能看到或经历的任何事物都必须存在于由两条斜线所构成的三角形之中。在将来，我们能够接收到更远处的光，因此会看得更远。

物理学史上经常发生这样的情况：在物理学家发现一种新的数学需求时，数学家们常常已经提前发现了它。在做量子理论和相对论研究时，这种情况同样存在。在 20 世纪，数学家研究了我们在学校学到的标准逻辑的其他替代方法。最后，他们找到了一种逻辑形式，并称之为"工作宇宙学家的逻辑"，这种逻辑形式包含了我们刚才描述的所有特征。这种逻辑承认这样一个事实，即对世界的推理是由世界内部的观察者进行的，这些观察者在环顾四周的过程中，所获得的信息并不完整。因此，他们的说法可能是正确的，也可能是错误。他们也可能认为，"我们现在还不能判断它是否为真，但将来也许能够知道"。这种宇宙学逻辑本质上也是依赖于观察者的，因为它承认世界上的每个观察者看到的都是宇宙的不同部分。

　　数学家似乎没有意识到他们正在为宇宙学发明正确的逻辑形式，因此他们采用了其他的命名方式。最初它被称为"直观逻辑"（intuitionistic logic），而最近得到研究的更复杂的版本被统称为"拓扑斯理论"。作为一种数学形式体系，拓扑斯理论并不简单，这也许是我遇到过的最难的数学内容。我对拓扑斯理论的了解主要来自福蒂尼·马可波罗－卡拉马拉（Fotini Markopoulou-Kalamara），他发现宇宙学遵循非标准逻辑，并发现拓扑斯理论适合宇宙学的分析。但拓扑斯理论的基本主题是显而易见的，因为这些主题描述了我们在这个世界上的真实状态，并且不单单是以宇宙学家的角度进行描述。在现实世界中，我们似乎总是在用不完整的信息进行推理。我们每天都会遇到一些陈述，以现有的信息尚不能判定它们的真假。显然，在我们的社会和政治生活中，不同的观察者可以获得不同的信息。同时，我们还意识到关于未来的陈述的真假可能会受到我们所选择做的事情的影响。

这对一系列问题都具有非常深刻的影响。这意味着，要判断决定的合理性，我们不必假装有某些超自然的观察者知道一切，只要不同的观察者如实地说出他们所看到的就足够了。如果我们遵循这条规则，就会发现当我们和另一个人都有足够的信息来判断某件事是真是假时，我们总是会做出相同的判断。

那些试图将伦理学和科学建立在一个全知观察者的最终判断之上的哲学家是错误的。我们即使不相信有一个全知的观察者也可以理性地生活，只需要相信一条伦理原则就够了，即观察者应该诚实地表达他们所看到的。如果坚持这一原则，那么，即使总会有我们不能回答的问题出现，也并不妨碍我们在所共有的世界的某些方面达成共识。

所以，拓扑斯或者宇宙逻辑学也是理解人类世界的正确逻辑。这种逻辑才是经济学、社会学和政治学学科的正确基础，而非亚里士多德的逻辑。尽管乔治·索罗斯（George Soros）的经济学方法（他称之为"反射理论"），无疑是朝着正确方向迈出了第一步，但在这些学科领域中，还没有人将拓扑斯理论作为其基础。不过，当宇宙学和社会学理论将我们引向同一个方向时，我们也不必惊讶。因为除非我们在其基础上建立一个简单的事实，即所有可能的观察者都必须在他们所研究的系统中，否则这两个学科是无法自然形成的。

03
宇宙学第三原则：
观察者很多，但世界只有一个

到目前为止，我对量子理论还只字未提。如果没有量子理论，要进行宇宙学研究，就必须彻底改变我们原本的研究方法，甚至是逻辑推理都得推翻重来。只要想到所有宇宙的观测者都身处宇宙之中，任何对宇宙学的研究就都得改变原有的思维模式。这要求我们从一开始就得考虑到宇宙学对观察者的依赖性，建立自己的理论。必须承认的是，每个观察者都只能掌握关于世界的有限信息，不同的观察者将会获得不同的信息。

牢记这一点，我们来讨论如何将量子理论引入宇宙学。有读者可能会说："量子理论本身就相当令人困惑，现在却要考虑如何将其应用于整个宇宙，那该从哪里入手呢？"有此疑问是可以理解的。但是，正如我将在本章中解释的那样，直接考虑如何将量子理论应用于整个宇宙，反而可能会使量子物理学变得容易理解，而不是难以接受。并且，我们在前两章中讨论的原理正是使量子理论易于理解的关键。

量子理论之所以令人费解，是因为它挑战了人们对理论和观察者之间关系的传统观念。这个理论也确实令人费解，以至于没有一个被普遍接受的物理学阐释。关于量子理论中现实与观察者之间的关系，众说纷纭，并无定论。诸如爱因斯坦、玻尔、海森堡和薛定谔等量子理论的创始人在这个问题上也没有达成一致。现在的情况也没好到哪儿去，因为我们有了另一种看法，这些科学家虽然足够聪明，却没有足够的想象力预见未来。所以，从爱因斯坦和玻尔在 20 世纪 20 年代第一次辩论到现在，人们对于量子理论的含义也没有达成更多的共识。

量子理论确实只有一种数学形式，因此，即使物理学家并不能就量子理论的确切含义达成一致意见，他们依然在继续探索并应用这个理论。这种情况可能看起来很奇怪，但它确实发生了。我就曾参与量子引力的项目，一切都很顺利，直到有一天，我和合作者在共进晚餐时发现，我们对量子理论的含义有着根本不同的理解。但当我们平静下来，意识到自己对这个理论的想法对正在做的计算没有影响之后，一切就又顺利进行了。

但这对那些外行人来说，并非一种安慰，因为他们没有数学基础。在只懂得概念和原理的情况下，发现不同的物理学家在其著作中对量子理论含义有不同的解释，一定会令人感到非常困惑。

量子宇宙论不但不阻碍，反而有助于量子理论的研究。因为，量子宇宙论限制了对量子理论可能的解释范围。如果我们坚持前两章介绍的原则，就必须放弃解释量子力学的几种方法，否则就无法把量子理论应用于空间和时间。宇宙之外什么都没有这一原则，以及我们今后将了解的更多原则，指出了一种看待量子理论的新思路，它比许多旧的想法更合理、更简单。随着量子理论在宇宙学中的应用，近年来出现了一种解释量子理论意义的新方法，并取得了一定的成果。这就是我想在本章中与读者交流的内容。

普通量子理论是关于原子和分子的理论。由玻尔和海森堡最初发展而来的量子理论，要求将世界分成两个部分。其中第一部分是正在研究的系统，它是用量子理论描述的。第二部分是观察者，以及研究第一部分所需的所有测量仪器。把世界分成两部分对于量子力学的结构而言是至关重要的，这个结构的核心是叠加原理（superposition principle），它是量子理论的基本公理之一。

叠加原理并不容易理解，因为它是用比较抽象的术语表述的。一不小心，就会导致含义被过度解释，远超证据所支持的范围。所以，我们要谨慎行事，花一些时间来研究这一重要原理的表述。

我们先来解释一下叠加原理。根据叠加原理，如果一个量子系统可以在 A 态或 B 态中找到，并且这两个态具有不同的性质，则它也可以在形如 $aA+bB$ 的组合中找到（a 和 b 为任意数）。每个满足这样形式的组合被称为叠加，并且每个组合在物理学上是不同的。

那量子到底是什么意思呢？让我们分解来看。要理解的第一点是物理学家谈论的"态"到底指什么。这一个词几乎包含了量子理论的全部奥秘。粗略地说，一个物理系统的态就是它在某个特定时刻的配置。例如，如果系统是房间里的空气，它的态就可能由所有分子的位置以及它们的运动速度和方向组成。如果系统是一个股票市场，那么它的态就是在某个特定时刻所有股票的价格表。一种说法是，态由在一个时刻能够完整描述一个系统所需的所有信息组成。

　　然而，因为我们不能同时测量一个粒子的位置和运动，在量子理论中运用上述概念就会遇到问题。海森堡不确定性原理认为，人们只能精确地测出粒子的位置、方向或运动速度三者中的一个。目前，我们没必要疑惑为什么会这样，这就是量子理论神秘的一部分。老实说，也没有人真正知道这是为什么，那不如来看看它可能带来的后果。

　　如果我们不能同时确定一个粒子的位置和运动，上述态的定义就没什么用。在现实中，包括位置和运动的确切态不一定真正存在，但是，根据海森堡不确定性原理，即使它存在于某种理想状态下，也不是一个可以观察到的量。所以，量子理论修改了态的概念，使它唯一指代那个尽可能完整的描述，尽管依然受到海森堡不确定性原理的限制。既然不能同时测量位置和运动，那么系统的可能态就可以是它的确切位置的描述，也可以是它的精确运动的描述，但不能同时是位置和运动的描述。

　　或许这看起来有点抽象，也可能很难去思考，因为思想在反抗：若一个人的第一反应是不相信，就很难理解像海森堡不确定性这样的原理引起的逻辑后果。虽然我本人也并不真的信服，我也觉得自己并不是唯一有这种感觉的物理学家，但我仍然坚持使用它，因为它是我所知道的唯一能够解释所观察到的有关原子、分子和基本粒子的主要事实的理论的必要组成部分。

所以，如果想在不违背海森堡不确定性原理的情况下谈论原子，则态只能由我们选择的一部分信息来描述。这是态的第一难点。由于态只包含关于系统的部分信息，因此选择该部分信息必须有一定的理由。然而，尽管不确定性原理限定了一个态能够拥有多少信息，但它并没有告诉我们如何决定应该包括哪些信息，应该省略哪些信息。

做出上述选择需要考虑以下几个因素。这些信息可能与系统的历史有关，也可能与系统现在所处的环境有关，例如它是如何与宇宙中的其他事物相连或相关的。这些信息还可能与观察者所做的选择有关：如果观察者选择测量不同的量，或者在某些情况下提出不同的问题，这些都会对态产生影响。综上所述，一个系统的态不仅是该系统在某一特定时间的属性，而且涉及目前系统之外的某些因素，既与它的过去有关，也与它当前所处的背景有关。

现在我们就能够讨论叠加原理了。如果一个系统可以处于 A 态或 B 态，那么它也可以存在于形如 aA+bB 的组合中（a 和 b 为任意数）。这意味着什么呢？

为了能够更好地理解，我们先看一个与老鼠有关的例子。从一只猫的角度来看，老鼠有两种——美味的和不美味的。老鼠的味道对我们来说是个谜，但可以肯定，任何一只猫都能把它们区分开来。问题是，唯一能告诉你答案的方法就是尝一尝。从普通猫科动物的经验来看，任何老鼠都可以归类为两种中的一种。但根据量子理论，这是对世界的真实情况的一个非常粗略的近似。不过，与牛顿物理学提供的理想化版本的老鼠不同，真正的老鼠通常处于一种既不可口也不难吃的态。但是如果尝一下，它就是两者之一，比如，老鼠有 80% 的概率是好吃的。根据量子理论，处于两种态之间的这种态与对我们造成的影响没有任何关系，因为真实情况是，如果不是这样，就是那样。态可以是所有可能情况连续统一的整体，其中每一种情况都由一种量子态描述。这种量子态则由美味倾向和难吃倾向来描述。换句话说，它是两种态的叠加——纯粹美味的态和纯粹难吃的态。在数学上这种叠加态通过将一个量加到另一个量上来描述。每只老鼠好吃与否的比例都与它被吃到的概率有关，而这只可怜的老鼠会被用来证明自己是否美味。

　　这听起来很疯狂，即使是我自己，在学习、研究并应用叠加原理 30 年之后，也做不到毫无疑虑地描述它。所以，肯定有更好的方法来理解并解释这一原理。尽管承认这一点令人尴尬，但确实还没有人能够找到一种既容易理解又优雅的方式来解释它。当然也有其他解释方法，但它们要么可以理解却不优雅，要么相反。不过，的确有大量的实验证据支持叠加原理，包括双缝实验和爱因斯坦 – 波多尔斯基 – 罗森实验。有兴趣的读者可以在许多畅销书中找到这些内容，其中一些在本书结尾处的阅读清单中有所提及。

　　量子理论的问题是，我们的经验中没有任何东西能够以量子理论描述的方式表现出来。我们所有的感知要么是一回事，要么是另一回事，即要么是 A 要么是 B，要么是好吃要么是不好吃。我们从来没有发现它们的组合，比如"$a\times$好吃 $+ b \times$ 不好吃"。量子理论则考虑到了这一点。它认为，我们所观察到的可能在一定的时间里是好吃的，在其余的时间是不好吃的。这两种可能性的相对概率是由 a^2 和 b^2 的相对大小决定的。然而，最重要的是，关于系统处于 $aA+bB$ 态的说法，并不意味着它要么是 A 要么是 B，而是在一定概率上是 A，一定概率上是 B。这就是我们所观察到的，但事实并非如此。我们之所以知道这一点，是因为 $aA+bB$ 的叠加可能本身既非好吃亦非不好吃。

因此，这里有一个悖论。如果用量子理论来描述我的猫，在尝了老鼠之后，它本该会感到美味或者难吃。但根据量子力学，猫不会处于一种绝对幸福或绝对不快的态，而是进入两个反映老鼠态的叠加态中。也就是说，这只猫将会停留在快乐态和因"吃到难吃的老鼠"而烦恼的态的叠加态中。

即使猫认为自己处于一个确定的态，但是根据量子理论，我也必须以叠加态的方式来看待它。那么，如果换成我来观察猫会如何呢？我会听到满意的咕噜声或者被猫生气地抓伤。但我一定会处于这两种可能的态之一吗？我无法想象，如果我没有经历这两种可能中的任何一种会怎样，我更无法想象，那将意味着什么。但是如果用量子理论来描述，那么我也会和老鼠、猫一样，处于两种不同态的叠加中。在一种情况下，老鼠很好吃，猫很开心，我听到了猫满意的咕噜声。在另一种情况下，老鼠不好吃，猫很愤怒，而我正在护理抓伤。

使该理论前后自洽的原因是，我们的不同态是相互关联的。快乐的我伴随着幸福的猫和美味的老鼠。如果一个观察者同时询问我和那只猫，我们的回答将是一致的，如果猫吃到了老鼠，它甚至会和观察者的体验一致，但我们不会都在一个确定的态。根据量子理论，我们都处于两个可能相关的态的叠加态。这个看似矛盾的现象的根源在于，我自己的体验是这样或那样的，但是另一位观察者根据量子理论给出的对我的描述，常常让我处于两者的叠加态，这与我实际的体验完全不同。

这个谜团有几种可能的破解方法。其中之一是，我误认为精神态的叠加是不可能的。事实上，如果普通量子力学将我作为一个物理系统来描述，那么情况一定是这样。但是，如果一个人可以处于量子态的叠加之中，那么作为行星的地球是否也应如此呢？还有太阳系、银河系呢？事实上，为什么整个宇宙都处于量子态的叠加中就不能成为一种物理学上的可能性呢？自20世纪60年代以来，人们一直在努力用对待原子量子态的方式来对待整个宇宙。在这些基于量子态对宇宙的描述中，宇宙被假定为可以像光子和电子的态一样容易进入量子叠加态。因此，这一理论被称为"传统量子宇宙学"，以区别于其他将量子理论和宇宙学结合起来的理论。

但是在我看来，传统量子宇宙学并不成功。这种评价可能过于苛刻，在这个领域中我最尊重的几位学者就不认同我的观点。不过，我自己对这个问题的看法也是从经验中产生，经反复思考而得的。碰巧，我参与了定义宇宙学量子理论方程的第一个实际解的研究。这些方程被称为惠勒 – 德维特方程（Wheeler-DeWitt equations）或量子约束方程（quantum constraints equations）。这些方程的解定义了用来描述整个宇宙的量子态。

20 世纪 80 年代后期，我先后和两个朋友，特德·雅各布森（Ted Jacobson）以及卡洛·罗韦利（Carlo Rovelli）一起工作，共同发现了这些方程的无穷多个解。这一点特别令人惊讶，因为理论物理方程中能够精确求解的非常之少。1986 年 2 月的一天，特德和我在圣巴巴拉（Santa Barbara）工作，着手寻找量子宇宙学方程的近似解，而阿米塔巴·森（Amitaba Sen）和阿布海·阿希提卡（Abhay Ashtekar）两位朋友恰好取得了一些有用的结果，我们因此得以简化这一过程。突然间，我们意识到面前的黑板上写着的第二次或第三次猜测，竟然准确地求解了这些方程。我们试图计算出一个能够度量我们的结果有多大误差的条件，但最终发现这样的条件并不存在。起初我们尝试找出错在哪里，结果发现我们写在黑板上的表达式是正确的，即完整的量子引力方程的精确解。我仍然清楚地记得黑板上的内容，那天阳光明媚，特德穿着一件 T 恤（不过，圣巴巴拉总是阳光明媚，特德也总是穿着 T 恤）。我们迈出了第一步，花了整整 10 年的时间，在我们真正理解自己在这几分钟里所发现的东西之前，这 10 年里有些时光是令人振奋的，但大多数时候是沮丧的。

　　诸多问题中，量子宇宙学的观察者身处宇宙中这一事实的含义令我们十分困扰。问题在于，在所有对量子理论的普通解释中，观察者都被假定在系统之外。但是在宇宙学中，观察者身处宇宙之外是不可能的。正如我之前强调过的，这是研究宇宙的原则以及整体思路。因此，如果不考虑它，我们做的任何事情都无法与真正的宇宙学理论相关。

　　为了弄清楚整个宇宙的量子理论，弗朗西斯·埃弗里特（Francis Everrett）、查尔斯·米斯纳（Charles Misner）等该领域的先驱者已提出了一些不同的构想。当然，我们注意到了这些构想。多年以来，年轻的理论物理学家们以争辩宇宙量子学理论的不同构想的优缺点来自欺欺人。当然这种做法最初看上去很棒，因为好像人们在和科学的根基搏斗。我以前经常观察前辈们，好奇他们为何永远不会这样花费时间。过了一段时间我就明白了：一个人只能站在 5 ～ 6 个可能的角度反复考虑问题，时间久了就会变得异常枯燥乏味，久而久之，就缺失了某些东西。

　　因此，我们并不十分喜欢讨论这个问题。相反，至少对我而言，比起担忧科学的基础，着手解方程才是一个切合实际的、能真正取得进展的策略。上大学时，我花了大量时间盯着屋子墙角，脑子却在不停思考量子世界中什么东西是真实的。那时这样做就足够了，但现在我希望能做一些积极的事情。现在情况变了，因为一瞬间我们就能解出量子引力方程无数可能的正解。然而如果只有一小部分是简单的解的话，那么大部分可能都极其复杂，一如人们能想象出的最复杂的结（这些解还确实与打结有关，但那是后话）。

迄今为止，除了那些非常抽象的估测，没有人能够解释这些方程的意义。在这些估测里，宇宙的种种复杂性和奇迹被缩减到了一到两个变量里，比如宇宙有多大，它膨胀得有多快。天马行空是非常容易的事情，幻想自己身处宇宙之外，把宇宙的历史变得像玩溜溜球一样简单。实际上更简单，因为我们甚至没有能力去对付一个像真正的溜溜球这样复杂的东西。那些被我们乐观地称为"宇宙量子学"的方程只能去描述一个傻溜溜球，它只能上下动，而不能前后或左右动。

现在所需要的是，对量子理论中允许观察者成为量子系统一部分的态做出解释。1957 年，休·埃弗里特（Hugh Everett）在他的博士论文中提出了一个观点，在当时极其轰动。他提出了一个叫作相对态的解释方法，这个方法可以让你做出非常有趣的事。如果你知道自己要问的问题，并且可以以量子理论的方式表述，那么即使你用的是量子系统中的度量衡，你也可以推断出不同结果的可能性。这确实是一个进步，但我们依然没有真正地抹掉观测在理论中的特殊角色。特别是，它同样适用于无穷集可能提出的问题，从理论的角度来讲，所有这些问题在数学上完全等价。但是，理论上没有任何东西能告诉我们，为什么我们对那些似乎具有明确位置和运动的大物体所做的观察是特别的。没什么能够区别我们所处的这个世界和其他无数个由这个世界的复杂事物叠加构成的世界。

我们一贯认为，一个物理理论能够解释无穷个不同的世界，这是因为它能够自由应用。牛顿的物理理论为我们提供了粒子相互影响的规律，但他没有明确粒子的构造。如果给定组成宇宙的粒子的排列规律和它们的初始动作，牛顿的定律就能预见未来，就可以应用于所有以某种规律移动的粒子组成的宇宙。牛顿的理论把粒子放在不同的初始位置，从而描述了无数个不同的世界，每个都对应着量子理论的一个不同的答案。但是它只能做到——一一对应，这和从传统宇宙量子理论的方程中得到的结论大相径庭。以传统方式得到的是每个答案都能描述无数个宇宙，这些宇宙不仅按照传统理论对问题给出的答案不同，所提出的问题也不同。

因此，埃弗里特的相对态形式的理论，必须辅以另一个理论，以解释为什么我们的观测对应一部分特定问题的答案，而不是对应那些无穷无尽的其他问题的答案。有些学者试图去解决这个问题，并且借助一个叫"退相干"（decoherence）的概念取得了一些进展。如果对一个问题的肯定回答不可能是对其他问题的肯定回答的叠加，那么这些问题的集合被称作"退相干"。一些学者把这个想法发展成为一种研究量子宇宙学的方法，叫作"自洽史形式"（consistent histories formulation）。这种方法可以指定一系列关于宇宙历史的问题。假定问题彼此相干，即对一个问题的回答不会妨碍另一个问题的提出，这种方法告诉我们如何计算不同的可能答案的概率。这的确是一个进步，但还远远不够。我们所处的世界是退相干的，但正如两位年轻的英国物理学家费伊·道克（Fay Dowker）和阿德里安·肯特（Adrian Kent）所确信的那样，还有无数其他可能的世界。

我的科学研究生涯中经历过的最戏剧性的时刻，莫过于1995年夏天在英国达勒姆（Durham）举行的量子引力会议上介绍自己在这方面的工作。当费伊·道克开始介绍"自洽史形式"时，人们普遍认为这种方法是解决量子宇宙学问题的最大希望。她是詹姆斯·哈特尔（James Hartle）带出来的博士后，而詹姆斯·哈特尔最先发展了量子宇宙学的自洽史形式。不过，道克的介绍几乎没有预示未来的发展方向。她提出了"自洽史形式"这一理论，并阐明了其中一些最令人费解的方面，她的演讲堪称精彩。经她解释之后，"自洽史形式"理论显示出了无可比拟的优越性。接着她展示了两个定理，她对这两个定理的解释出乎我们的预料。虽然我们观察到的古典世界，粒子有确定的位置，可能是理论界所描述的自洽世界之一，但道克和肯特的研究结果却表明，无数其他的世界必然存在。此外，到目前为止，有无数个自洽的古典世界，但转瞬之间它们就会面目全非。更令人不安的是，现在有些世界是古典的，但是在过去的某些时候被任意地混合了古典的叠加。道克总结说，如果自洽史解释是正确的，我们就没有权利从化石的存在中推断出一亿年前恐龙曾在地球上漫游。

在那个夏天晚些时候的交流中，詹姆斯·哈特尔坚称，他和默里·盖尔－曼（Murray Gell-Mann）在自洽史研究方法上所做的工作，与道克所说的并不矛盾。他们充分意识到，自己的构想强加给了现实一个严重的背景依赖：人们不可能在没有完全具体说明将要提出的问题之前，就有意义地谈论任何物体的存在或任何声明的真实性。这就好像这些问题把现实变成了存在。如果一个人不首先获知包括恐龙是否在一亿年前漫游地球的问题的世界历史，他可能就得不到恐龙或者任何其他大的"经典客体"的有意义的描述。

我考证了一下，哈特尔是对的。他和盖尔－曼所说的仍然有效。不过，当时发生了一件有趣的事情，虽然现在回想起来并没有多么稀奇：我们中的许多人误解了盖尔－曼和哈特尔，认为他们不够激进，过于传统老套。根据他们的说法，世界只有一个历史，并且是用量子语言表述的。但是，这个世界包含许多种不同而自洽的历史，每一种历史都可以通过一系列正确的问题来形成。并且，每一种历史都与其他历史不相容，因为像我们这样的观察者无法同时经历它们。但根据这个形式体系，每一种历史都是真实存在的。

正如你可能想象的那样，对于如何处理这个问题，学界存在着巨大的分歧，尽管其中大多数分歧并无恶意。一些人追随道克和肯特的信念，坚信现实概念的无限扩展是不可接受的。要么量子力学适用于整个宇宙是错误的，要么它是不完整的，必须由一组问题与现实相符的理论来补充。另一些人则追随哈特尔和盖尔－曼，并接受了极端的背景依赖。正如艾沙姆所说，问题在于"是"这个字的含义。

如果这还不够麻烦的话，量子宇宙学的传统公式还面临其他的困难。事实证明，一个人不能自由地问任何一组问题，这些问题因为必须解某些方程而受到限制。而且，尽管我们已经得出了决定宇宙量子态的方程，但事实证明，要确定这个理论所要提出的问题则非常困难。这似乎不太可能做到，至少在真正的理论当中不太可能做到。也许我不应该评论找到正确问题集的可能性，因为求解态方程本身就完全是一个意外。尽管很多人都尝试过，但最终的结论都是，这是一块很难搬动的石头。所以，传统的量子宇宙学似乎是一个可以制定答案，而非问题的理论。

当然，从最后一章的角度来看，这并不奇怪。要形成一个宇宙学理论，我们必须承认，不同的观测者看到的是不同的、局部的宇宙。从这个出发点来看，试图将整个宇宙当作普通量子理论所适用的实验室中的一个量子系统，是没有意义的。有没有一种不同的量子理论，在这种理论中，量子态明确指向某个观察者所看到的领域呢？从某种意义上说，这种新的理论将会使量子理论更加明确地依赖观测者在宇宙中的位置，这将是一种"相对化"的理论。它将描述一个大的，也许是无限的量子世界集，每一个量子世界都对应着世界上某个特定的观察者在宇宙历史的某一特定地点和时间所能看到的那一部分。

　　在过去的几年里，已经有一些类似的新的量子宇宙学构想。其中一个构想源自自洽史的方法，由克里斯托弗·艾沙姆和他的合作者杰里米·巴特菲尔德（Jeremy Butterfield）依据自洽史的方法改良而来，其中，背景依赖理论是其数学表述的核心特征。并且这两位学者发现，拓扑斯理论可以做到这一点，这种理论允许在一种数学体系中对多个相互关联但背景不同的量子力学进行描述。他们的研究成绩显著，但是就像黑格尔和马丁·海德格尔（Martin Heidegger）研究哲学一样，依然困难重重。如果一个人真的相信现实的概念取决于讲话者的背景，他就很难找到合适的语言来谈论这个世界。

　　对于量子引力学家来说，克里斯托弗·艾沙姆是一位理论家中的理论家。大多数理论物理学家以具体的例子为基础进行思考，然后尽可能广泛地概括他们所掌握的东西。克里斯托弗·艾沙姆似乎是少数能够在相反方向上高效工作的学者之一。他几次以非常笼统的形式介绍了重要的想法，让其他人将这些经验应用到具体的例子中去。其中一次介绍引出了圈量子引力，当时，卡洛·罗韦利从一个非常笼统的角度看到了他的思路，并认为其可以产生非常具体的结果。像这样的事情现在仍然在发生。近 10 年来，人们一直在思考量子宇宙学中的背景依赖。我们已经从克里斯托弗·艾沙姆那里了解到我们做这件事所需要的数学技能。

在艾沙姆和他的合作者之前，路易斯·克兰（Louis Crane）、卡洛·罗韦利和我提出了一个不同版本的想法，我们称之为关系量子理论。回到前面的猫与老鼠的例子，关系性量子理论的基本思想是，所有的玩家都有一个背景，由他们所描述的世界的一部分组成。如果要问老鼠、猫、我、我的朋友之中哪种量子描述是正确的，我们认为应该接受所有的量子描述。有许多量子理论，对应许多可能的不同观察者。这些问题都是相互关联的，因为如果有两个观察者能够提出同样的问题，他们就必须得到同样的答案。由艾沙姆和他的合作者开发的基于拓扑斯理论的数学形式已经告诉了我们如何针对可能出现的任何情况做到这样。

背景依赖理论是由福蒂尼·马可波罗－卡拉马拉提出的，她将宇宙学逻辑的提议扩展到了量子理论。结果就是，在特定的时刻，背景变成了一个观察者的过去。这是量子理论和相对论的完美统一，其中决定信息传播方式的光线的几何特性，决定了可能的背景。

所有这些理论中有许多对同一宇宙的量子描述。每一种理论都采取将宇宙分成两部分的方式，其中一部分包含观察者，另一部分包含观察者希望描述的内容。每一种这样的分割都给出了一部分宇宙的量子描述，并且描述了一个特定的观察者看到的东西。尽管所有这些描述是不同的，但它们必须相互自洽。这种自洽性通过使描述成为一个人的观点的结果解决了叠加的悖论。量子描述总是由一个在宇宙某部分之外的观察者对宇宙的该部分进行描述。任何一个这样的量子系统都可以处于一种叠加态。如果你观察一个包括我的系统，你可能会看到我也处于一种叠加态。但我不会这样描述自己，因为在这种理论中，没有观察者能够自己描述自己。

许多人认为，这是朝着正确方向迈出的明确的一步。我们不再试图在量子宇宙学理论的一个解决方案中理解有许多宇宙（即许多现实）的形而上学的陈述，我们正在构建一个只有一个宇宙的量子宇宙学的多元版本。然而，这个宇宙有许多不同的数学描述，每一种都对应着不同的观察者在环顾周围时可以看到的东西。当然，每一种都是不完整的，因为没有一个观察者可以看到整个宇宙。例如，每个观察者都将自己排除在他们所描述的世界之外。但是，当两个观察者问同样的问题时，他们必须保持一致。如果我在明天环顾四周，过去并不会改变。同样，如果今天我看到恐龙在一亿光年之外的行星上漫游，当我明年再次收到那个行星的信号时，它们仍然会在那里漫游。

　　像所有提倡新思想的人一样，我们用口号和结果来支持自己的观点。我们的口号是"在未来，我们将知道更多"，以及"是有许多观察者在看着同一个宇宙，而不是宇宙之外的一个神秘观察者在看多个宇宙"。

04
宇宙学第四原则：
宇宙是由过程构成的

　　想象一下，你正试图向某人解释为什么你如此迷恋你的新女友或新男友，而某人非常理智地让你描述你的新女友或新男友。为什么在这种场合下我们的努力显得如此不足？因为直觉告诉你，这个人有一些本质的东西吸引了你，但是很难用语言来表达。你描述他们的工作，他们的兴趣爱好，他们的样貌，他们的行为，但不知何故，所有这些似乎都不足以传递他们的真实情况。

　　或者想象一下，你陷入了一场关于文化和民族特色的无休止的讨论之中。显然，英国人和希腊人不同，而希腊人又和意大利人完全不像，但他们和英国人的区别是一样的。这里似乎有一些真实存在的原因，但是我们试图用语言来表达的尝试似乎并不成功。

对于这些困境，一个简单的解决办法是讲故事。如果我们要描述一个新朋友的生活，比起描述他们现在如何，不如描述他们在哪里出生、如何长大，他们的父母是谁以及如何抚养他们长大成人，他们在哪里读书、在过去的感情中发生了什么事，这样更能说明他们的情况。文化也是如此。只有对古代史和近代史都有所了解，我们才能领悟为什么世界不同地域的人存在差异。这可能显而易见，但为什么就该是这样呢？是什么让一个人或一种文化在不讲故事的情况下如此难以描述？因为我们所面对的并非事物，比如石头或开罐器之类的东西。这些东西在几十年里差不多都是一样的。它们被描述为静态物体，每个静态物体都有一些不变的属性。但是，当我们面对的是一个人或一种文化时，我们所面对的就是一个过程，并且这个过程不能被视为一个与其历史无关的静态物体。如果不知道它是如何变成这样的，那么它的现状我们也是无法理解的。

然而，为什么一个故事能够告诉我们的东西如此之多？难道讲故事的时候，我们传达了什么额外的信息？事实上，当讲述一个人的故事时，我们会讲述其生活中的一系列片段。这些片段能告诉我们很多信息，并能清晰地把这个人的信息与听到的和了解到的其他故事区别开来，因为我们坚信一个人成长过程中发生的事情会对他的现在造成影响。我们同时坚信，他们对有利的和不利的情况的真实反应才最能体现其性格，才能体现他们将来想做什么或想成为什么样的人。

然而，在叙事中承载信息的并不是事件本身。仅仅列出一系列事件是非常无聊的，并不能构成一个真正的故事。这也许就是安迪·沃霍尔（Andy Warhol）在他的电影《帝国大厦》中试图传达的东西。事件之间的关系构成了故事，这些关系可能被表达得非常清楚，但更多时候并不需要这样，因为我们几乎是在毫无意识的情况下在故事中植入了这些关系。我们之所以这样做，是因为相信过去的事件在某种程度上与未来的事件存在因果关系。我们可以针对一个人的经历会对其自身造成多大影响进行辩论，但不必做虔诚的决定论者，不必本能地相信因果关系，并实际地应用。正是这种对因果关系的理解使故事变得如此有用。谁对谁做了什么，什么时候做了什么，为什么做了什么，这些都是很有趣的描述，因为我们知道这些行为和事件可能导致什么后果。

想象一下，如果没有因果关系，我们的生活会是什么样子。假设世界的历史只不过是一些随机的事件，它们之间没有因果关系。事情就那么发生，什么影响也不会留下。家具、房子，所有的东西就都只是出现，然后消失。你能想象那会是什么样子吗？至少我想象不出，因为它和我们实际生活的世界完全不同。因果关系赋予了世界一个结构，解释了为什么今天早上椅子和桌子还在昨晚我们离开时所在的位置。也正是因为因果关系在塑造我们的世界中极其重要，故事相对于单纯的描述才能提供更多的信息。

所以，世界上似乎有两种类型的东西。一种是物体，如岩石和开罐器，用它们自身的一系列属性就能彻底解释清楚。而另一种是过程，过程只能通过讲故事来进行解释。对于过程，简单的描述远远不够。故事是对它们唯一充分的描述，因为像人和文化这样的实体并不是真正的事物，它们是随时间展开的过程。

举一个有关艺术的例子。找一部每个人都看过并喜爱的电影，并以每10秒钟一张的方式截取出一系列的剧照，然后把它们按顺序排列挂在一个大画廊里。请大家通过观看一张张剧照看完这部电影。这会令人感到愉快吗？答案当然是否定的，人们一开始可能会笑，但大多数人很快就会感到无聊。少数以这种方式看完整部电影的人，可能大部分是电影制作人和评论家，因为他们能够从中学到这部电影的拍摄技巧。对大多数人来说，一张剧照一张剧照地看一部电影是相当乏味的，即使这个过程比观看整部电影的时间要短。当然，当我们看一部电影时，我们实际上也是在看一系列静止的图像，只不过这些图像以很快的速度呈现，使我们产生了运动的错觉。有的解释说，这是静止图像的顺序切换所产生运动的错觉，但这并不完全正确。静止的图像本身才是错觉。因为世界永远不会静止，它总是在运动。摄影创造的错觉是凝固的时间。它既不符合现实，也不真实，因为任何照片都只是过程。图像看似静止，但组成图像的分子间一直在进行化学反应，再过几年，图像就会因分子间的种种化学过程而褪色。所以电影中发生的事情是运动和变化的真实世界通过一系列错觉重新创造出来的，而非相反的过程。

长期以来，人类似乎都会被自己阻止变化进行的能力所吸引。为什么绘画和雕塑如此迷人和珍贵？因为它们提供了时间停止的错觉。但时间是不会停止的。一个大理石雕塑可能每天看起来都一样，但事实并非如此：随着大理石与空气的相互作用，雕塑表面每天都会变得有些不同。正如佛罗伦萨人从污染对历史遗迹造成的破坏中学到很多东西一样，我们应该明白大理石不是惰性的东西，它始终处在不断的变化过程中。艺术家的任何技能都不能把一个过程变成一个事物，因为事物根本不存在，只有在人类的时间尺度上十分缓慢的过程。即使是那些看起来没有变化的东西，比如石头和开罐器，也有它们的故事。只是它们发生显著变化的时间尺度比其他大多数事物要长。地质学家和文化历史学家就对叙述岩石和开罐器的故事很感兴趣。

世界上的东西并不可以分为物体和过程两类，只有相对快速的过程和相对缓慢的过程。无论是短篇还是长篇，故事都是对一个过程的唯一解释。

古典科学的许多架构都是基于这样的错觉建立的，即世界是由物体组成的。假设一个人想要描述一个特定的基本粒子，比如一个质子。在牛顿的描述模式中，我们需要描述它在某一特定时刻的情况：它的空间位置，它的质量和电荷有多大，等等。这叫作描述粒子的"状态"。这个描述中没有时间，确实，时间只是牛顿世界的一个可选因素。但是一个人如果想要充分描述某物的具体情况，他就会结合时间来描述它是如何变化的。为了检验一个理论，人们需要进行一系列测量。每一个测量都要揭示粒子在某个凝固时刻的状态。一系列的测量就像一系列的电影剧照，它们都是凝固的瞬间。

在牛顿物理学中，状态的概念与经典雕塑和绘画中凝固的瞬间的错觉是一致的，但这就产生了世界由物体组成的错觉。如果世界真的是这样，那么对事物的主要描述应该是它是怎样的，它的变化则是次要的，变化也只是事物性质的变化。但是相对论和量子理论都告诉我们，世界并不是这样的。世界是一个过程的历史，运动和变化才是主要的。没有任何事物是不变的，除非在一个非常近似和暂时的意义上而言。描述一个事物是怎样的，或事物的状态是怎样的，只是一种错觉。在某些情况下，这些错觉可能还是有用的，但如果我们要从根本上思考，就不能忽视这样一个基本事实，即"是"是一种错觉。所以从新物理学的角度来看，我们必须意识到，"过程"比"静止"更重要。实际上，这里已经有了一种合适且简单的语言，帮助你毫不费力地理解它。

从这个新的角度来看，宇宙由大量的事件组成，而事件可以被认为是过程的最小部分，是变化的最小单位。但是不要把一个事件看作发生在其他静态物体上的变化。它只是变化，没有更多额外意义。

事件组成的宇宙是一个关联宇宙（relational universe）。也就是说，它的所有属性都是依据事件之间的关系来描述的。因果关系是两个事件之间可能存在的最重要的关系。这里提到的因果关系，也是前文所述的对于故事意义至关重要的概念。比如，一个事件 A，在某种程度上是另一个事件 B 的某个原因，并且 A 是 B 发生的必要条件，如果 A 没有发生，B 就不可能发生。在这种情况下，我们可以说，A 是 B 的促成原因（contributing cause）。一个事件可能有不止一个原因，同样，一个事件也可能导致一个以上的未来事件。

对于任何两个事件 A 和 B，只有三种可能性：A 是 B 的原因，B 是 A 的原因，或者 A 和 B 没有因果关系。我们可以说，第一种情况 A 是 B 的因果过去（causal past），第二种情况 B 是 A 的因果过去，第三种情况 A 和 B 都不是彼此的因果过去（如图 4-1 所示），其中每个点都表示一个事件，每个箭头都表示一个因果关系，该图展示的是一个过程宇宙。图 4-2 展示了一个更为复杂的宇宙，其由许多事件组成，并贯穿一系列复杂的因果关系。这些图片直观呈现了宇宙历史的故事，可称为宇宙历史图。

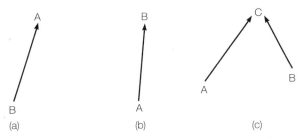

图 4-1 宇宙历史图

A 和 B 两个事件之间的三种可能的因果关系: (a) B 是 A 的因果过去; (b) A 是 B 的因果过去; (c) A 和 B 都不是彼此的因果过去 (尽管它们可能有其他关系, 例如两者都是事件 C 的原因)。

这样一个宇宙从一开始构建就已把时间包含进去。时间和变化不是可有可无的, 因为宇宙就是一个故事, 它是由过程组成的。在这样的世界里, 时间和因果关系是同义词。除了导致事件发生的事件集合, 一个事件的其他过去没有任何意义。同理, 对于一个事件的未来来说, 除了它将影响到的一系列事件外, 其他也都没有任何意义。因此, 在我们处理一个因果宇宙时, 可以将"因果过去"和"因果未来"简称为"过去"和"未来"。图 4-3 显示了图 4-2 中一个特定事件的过去和未来。一个因果宇宙不是一连串的定格画面的顺次连续。虽然时间在这里是存在的, 但实际上没有任何时间的某一刻的概念, 只有因果必然的过程彼此相随。谈论这样一个宇宙是毫无意义的，如果一个人真的要对此说点什么，除了讲述它的故事外恐怕他别无选择。

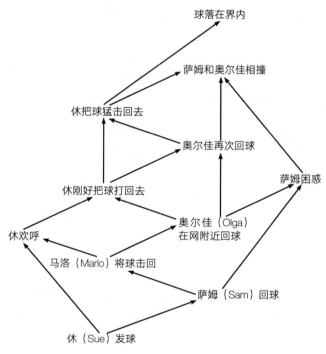

图 4-2　网球比赛中的因果关系

网球比赛中的一次凌空抽球，相当于几个事件的因果关系。

我们可以从信息传递的角度来思考因果宇宙，将图 4-1 到图 4-3 中每个箭头的内容看作一些信息。每个事件就像一个晶体管，它从过去的事件中接收信息，进行简单的计算，并将结果发送给未来的事件。计算就是这样一种故事，其中信息从晶体管发送到晶体管，或偶尔被送到输出。如果我们从现代计算机中删除输入和输出，大多数计算机将无限期地运行下去。计算机电路的信息流构成了一个故事，在这个故事中，事件就是计算，而因果过程就是从一个计算到下一个计算的信息流。这就引出了一个非常有用的比喻，即宇宙是一种计算机，只不过是一种电路不固定的计算机，能随着信息的流动及时演化发展。

那么宇宙是因果宇宙吗？广义相对论告诉我们，它是。广义相对论对宇宙的描述，恰恰就是一个因果宇宙的描述，因为相对论的基本经验是：没有任何东西比光传播得更快。特别是，没有任何因果效应以及任何信息比光传播得更快。请记住这一点，然后想想宇宙历史上发生的两个重大事件（如图 4-4 所示）。第一个事件是摇滚乐的出现，大概发生在 20 世纪 50 年代的纳什维尔（Nashville）。第二个事件是1989 年柏林墙的倒塌。那么，前者对后者是否存在因果影响呢？人们可能会对摇滚乐的政治和文化影响争辩不休，但重要的是摇滚乐的出现肯定对导致柏林墙倒塌的事件产生了一定的影响。那些最先在胜利后爬上柏林墙的人脑海里肯定闪现过摇滚乐，同理，那些做出让德国统一的决定的官员

们肯定也是如此。所以，从 20 世纪 50 年代的纳什维尔到
1989 年的柏林，信息确实发生了传递。

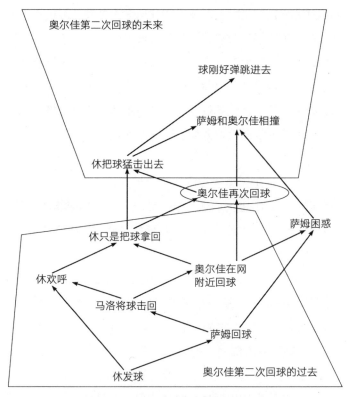

图 4-3 网球比赛的因果过去和未来

奥尔佳第二次回球的过去和未来。请注意：萨姆困惑的是两组
事件。

图 4-4　信息的传递

摇滚乐的出现是柏林墙倒塌的因果过去，因为信息能够从第一次事件传递到第二次事件。

所以，在宇宙中，我们定义了一些事件的因果未来，其由所有它可以通过光或者其他任何媒介发送信息的事件组成。既然没有什么东西比光传播得更快，则离开事件的光线路径决定了其因果未来的外部界限，形成了事件的未来光锥（如图 4-5 所示）。之所以称它为"锥"，是因为如果我们画成平面图，那么空间就只有两个维度了（如图 4-5 所示），它看起来更像一个圆锥体。事件的因果过去由所有可能影响它的事件组成，而影响必须从过去的某个事件以光速或更小的速度传播。所以到达这一事件的光线形成了过去事件的外部界限，被称为事件的过去光锥（如图 4-5 所示）。围绕任何事件的因果关系的结构，都可以用过去和未来光锥来描述。从图 4-5 中我们还可以看到，在特定事件的过去和未来的光锥之外还有许多其他事件。这些事件发生在离这个事件很远的地方，光无法到达。例如，宇宙中最糟糕的诗人诞生在一个距我们300亿光年远的行星上，幸运的是，他在我们的未来和过去的光锥之外。因此，在宇宙中，确定所有光线的路径，或等效地画出每个事件周围的光锥，是描述所有可能的因果关系的结构的一种方法。这些关系共同构成了宇宙的因果结构。

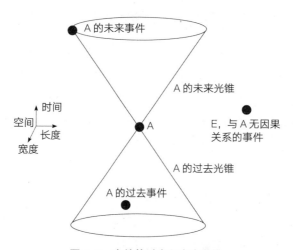

图 4-5　事件的过去和未来光锥

过去和未来的光锥来自一个事件A。未来光锥由从事件A到A未来的任何事件的所有光信号的路径组成。光锥内的任何事件都在A的未来，因为影响可能以低于光速的速度从A传播到该事件。我们还看到了A的过去光锥，过去光锥包含了可能影响A的所有事件。我们还看到了另一个事件E，E既不在A的过去，也不在A的未来。该图假定空间有两个维度。

很多流行的广义相对论解释都有关于"时空几何"的论述，但实际上大部分都和因果结构有关。构建时空几何所需的绝大部分信息都由因果结构的描述组成。因此可以说，我们不仅生活在一个因果宇宙中，而且宇宙的大部分故事都是关于其事件之间因果关系的故事。在这个隐喻中，空间和时间的几何特征被叫作时空几何学，但这实际上对于理解广义相对论的物理意义并没有什么帮助。这个隐喻是一个基于数学的巧合，只有那些有足够数学知识的人才能真正运用它。广义相对论的基本思想是，事件的因果结构本身会受到这些事件的影响。所以，因果结构并非总是固定不变的，而是动态的，受定律约束。决定宇宙因果结构在时间维度上如何演变的定律被称为爱因斯坦方程组。它们非常复杂，但是当周围有巨大的、缓慢移动的杂七杂八的物体时，比如恒星和行星，它们就会变得简单得多。基本上，接下来光锥会向物体倾斜（如图 4-6 所示）这通常被描述为时空几何的弯曲或扭曲。结果，物质倾向于落向巨大的物体。当然，这是另一种讨论引力的方式。如果物体来回运动，那么波在因果结构中也会运动（如图 4-7 所示），光锥来回振荡，就产生了引力波（gravitational waves）。

爱因斯坦的引力理论是因果结构理论。它告诉我们，时空的本质是因果结构，物体的运动也是因果关系网络变化的结果。被因果结构的概念排除在外的是那些对数量或规模的度量。当我们在电话里交谈时，你给我的信号中包含了多少事件？当你读完这句话的时候，在整个宇宙的历史中，有多少事件发生在这个特别的时刻？如果我们知道这些问题的答案，而且知道宇宙历史上事件之间因果关系的结构，我们就会知道所有关于宇宙历史的信息。

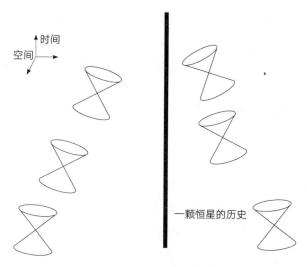

图 4-6　时空几何的弯曲或扭曲

诸如恒星之类的巨大物体会使其附近的光锥朝它倾斜，这会产生自由下落的颗粒看起来朝向物体加速的效果。

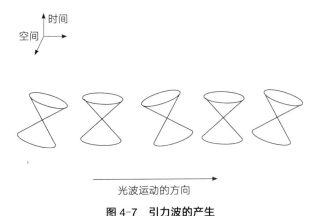

图 4-7　引力波的产生

引力波是光锥在时空中所指方向上的振荡，以光速传播。

对于"在一个特定过程中有多少事件"这一问题，我们可以给出两种可能的答案。一种答案假设空间和时间是连续的，在这种情况下，时间可以任意划分，并且没有最小的单位。无论想到何事，比如一个电子穿过一个原子，我们都能想象出其他发生快 100 倍以上的事情。牛顿物理学假设时空是连续的，但真实的世界不一定是这样。另一种可能性是，时间是可以被计数的离散的比特。对于"需要多少事件才能通过电话线传输 1 比特信息"的问题，答案是一个有限的数字。它可能是一个非常大的数字，但它仍然是有限的。但是如果空间和时间由事件组成，并且事件是可以计数的离散实体，空间和时间本身就不是连续的。如果这是真的，时间就不能无限期地划分。最终，我们将讨论最基本的事件，这些事件不能进一步分割，因此也就是可能发生的最简单的事件。就像物质由可以计数的大量原子构成一样，宇宙的历史由大量的基本事件构成。

量子引力的观点认为第二种可能性是对的。空间和时间的表面平滑是错觉，它们的背后是由可计数的离散事件集组成的世界。不同的方法为这个结论提供了不同的证据，但它们都一致认为，如果我们仔细地观察世界，空间和时间的连续性就会像物质的平滑让位于分子和原子的离散一样，肯定会消失。

同时，不同的方法也一致认为，我们必须探索世界的深处，然后才有可能真正找到基本事件。世界离散结构显现的时间尺度和距离尺度被称为普朗克尺度。在普朗克尺度下，引力现象和量子现象的影响同等重要。对于更大的东西，我们可以愉快地忘记量子理论和相对论。但当深入普朗克尺度时，我们只能把这一切都考虑进去，别无选择。要以普朗克尺度描述宇宙，就需要量子引力理论。

根据已知的基本原则，我们可以建立普朗克量表。它是通过将基本定律中的常量以适当的方式组合计算出来的。

这些常量包括来自量子理论的普朗克常数；来自狭义相对论（special relativity）的光速；来自牛顿引力定律的引力常数。就普朗克尺度而言，我们绝对是庞大的。普朗克长度是 10^{-33} 厘米，比原子核小 20 个数量级。从基本时间的尺度来看，我们经历的一切都非常缓慢。就普朗克时间（Planck time）而言，一个基本事件的发生大概需要 10^{-43} 秒。也就是说，我们能经历的最快的事情仍然包括超过 10^{40} 个基本瞬间，眨眼之间就会包括比珠穆朗玛峰中所有原子更多的基本瞬间。即使是最快速的两个基本粒子之间的碰撞中包含的基本瞬间，也比现在所有活着的人的大脑中所有神经元都多。这样的结论不可避免，我们所观察到的一切，在基本的普朗克尺度上，可能仍然是极其复杂的。

同理，也存在一个基本的普朗克温度（Planck temperature），它可能是物体能达到的最高温度。与之相比，我们经验中的一切，甚至是恒星的内部，都仅仅略高于绝对零度。这意味着，就我们观察到的基本事物而言，宇宙是冻结的。我们开始意识到，自己对大自然及其潜在现象的了解，就像企鹅对森林大火或核聚变的了解一样。这不只是一个类比，实际情况就是如此。众所周知，所有的物质在被加热到足够高的温度时就会熔化。如果世界上某个地区的温度上升到普朗克温度，其空间几何的结构就会熔化。我们经历这样一个事件的唯一可能，就是审视我们的过去，因为通常所说的宇宙大爆炸，从基础意义上说，是大冻结。世界存在的原因，可能并不在于一次爆炸，而在于造成宇宙某一地区急剧冷却和冻结的事件。为了能够自然地理解空间和时间，我们必须想象一下在周围的一切都冻结之前存在什么。

我们的世界与基础世界相比大得难以置信、慢得难以置信、冷得难以置信。我们的工作就是消除狭隘的观点所强加的偏见和有色眼镜，并以自己的方式、以自然尺度来想象空间和时间。我们确实有一个非常强大的工具箱使我们能够做到这一点，其中包括迄今为止所创立的各种理论。我们必须采用自己最信任的理论，并尽可能地调整它们，以对普朗克尺度有一个大致的了解。我在这本书里讲的故事正是基于从上述做法中学到的东西。

在前面的章节中，我指出，我们的世界不能被理解为一个固定的、静态的时空背景中的独立实体的集合。相反，它是一个关系网络，其中每个部分的属性都是由它与其他部分的关系决定的。在本章中，我们了解到，构成世界的关系是因果关系。这意味着世界不是由物质构成的，而是由事件发生的过程组成的。基本粒子不是静态的，而是事件相互作用、传递信息的过程，信息传递又产生新的过程。它们更像计算机中的基本操作，而不像传统的永不停止的原子图像。

我们习惯于想象，当环顾四周的时候会看到一个三维的世界。但真的是这样吗？如果我们认为目之所及是光子撞击眼睛的结果，就有可能以一种完全不同的方式来理解世界。环顾四周，想象一下，你看到的每个物体都是多个光子从这个物体飞向你的结果。你看到的每个物体都是一个过程的结果，通过这个过程，信息以光子集合的形式传递给你。物体离你越远，光子到达你所需的时间就越长。所以当你环顾四周时，你看到的不是空间，恰恰相反，你是在回顾宇宙的历史。你现在看到的是世界历史的一部分。你所看到的所有东西都是通过一个过程带给你的信息，而这个过程只是历史的一小部分。

因此，整个世界的历史只不过是这些大量过程的记述，它们的关系会不断演变。我们不能把周围的世界理解为静态的，而必须把它看作大量共同进行的过程所创造的东西，并处在不断发展的过程中。我们周围的世界是所有这些过程的共同结果。如果我写得很好，那么在这本书的结尾，你可能会发现宇宙的历史和计算机信息流动之间的类比是我能做出的最理性、最科学的类比。神秘的是，存在于一个永恒的三维空间中的世界图景，能够向大脑所能想象的各个方向延伸。空间无限延续的想法与我们所看到的没有任何关系。当我们向外看时，是在回顾宇宙的历史，不久之后，我们就来到了大爆炸。在此之前，宇宙可能一无所有，或者即使有什么，它看起来也很可能与悬浮在静态的三维空间中的世界完全不同。当我们想象自己正在看一个无限的三维空间时，就会陷入一种谬论，在这个谬论中，我们用自己实际看到的东西代替了一个智力结构。这不仅是一个神秘的愿景，还是一种错误的论调。

THREE ROADS TO QUANTUM GRAVITY

II

研究量子引力的
三种不同路径

05
黑洞热力学 1：
神秘的黑洞与隐藏区域

在当今时代的文化剪影中，黑洞是个神秘的物体。因此，在科幻小说和电影里，每每回顾起某些单向通道尽头的另一个宇宙时，黑洞常常是死亡和超脱的代名词。虽然我不是一个出色的演员，但我的一个朋友马德琳·施瓦茨曼（Madeline Schwartzman）导演却曾邀请我出演过她的一部电影。很有幸，在这部电影中我扮演了一位物理学教授，发表了一个关于黑洞的演讲。在这部名叫《索玛·西玛》（*Soma Sema*）的电影中，俄耳甫斯（Orpheus）的神话与当代科学和技术的两个主流主题融合在一起，即全面核战争和黑洞。我的学生奥尔福斯（Orpheus）希望通过她的音乐找到三个不可逆版本的例外。

对那些用专业眼光审视时空的人，黑洞非常重要。整个天文学家的亚文化圈都在致力于研究黑洞是如何形成的，以及如何找到它们。到现在为止，我们已经观测到了很多候选黑洞。但真正让人兴奋的是，很有可能还有很多其他黑洞。包括银河系在内的许多（如果不是大多数）星系的中心，似乎都有一个巨大的黑洞，质量是太阳的数百万倍。而且有观测和理论证据证实，一小部分恒星是以黑洞的形式终结其一生的。像银河系这样的典型星系，轻易就能容纳上千万甚至上亿个恒星黑洞。所以黑洞就在那里，未来的星际穿越者需要小心地避开它们。除了让天文学家痴迷之外，还有其他原因使黑洞对于科学研究具有重要意义。黑洞是量子引力研究的核心对象。在某种意义上，黑洞是可以无限放大的显微镜，让我们有机会以普朗克尺度研究物理。

因为黑洞在流行文化中占有突出地位，所以几乎每个人都大致知道黑洞是什么。在黑洞中，引力极其强大，以至于逃离它所需要的速度比光速还要快。没有光能从黑洞里面逃出来，当然任何其他东西也不能。我们可以依据上一章中介绍的因果结构的概念来理解这一点。黑洞包含的巨大质量导致光锥倾斜度太大，以至于没有光能真正逃离黑洞（如图5-1所示）。黑洞的表面就像一个单向的镜子，朝它移动的

光可以进入它，但是没有光能从它那里逃脱。正因为如此，
黑洞的表面被称为视界，它是黑洞外的观察者所能看到的
极限。

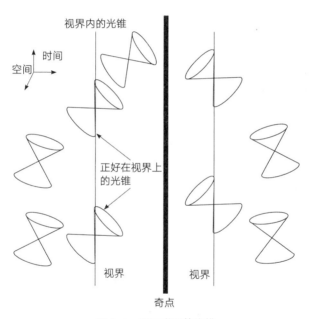

图 5-1　黑洞附近的光锥

粗黑线代表引力场无限强的奇点。细线代表视界，由与奇点保
持相同距离的光线组成。正好在视界上的光锥是倾斜的，这表
明一束试图远离黑洞的光将会保持那个距离，并沿着视界传播。
视界内的光锥倾斜度如此之大，以至于任何进入未来的运动都
会使人更接近奇点。

074 李·斯莫林讲量子引力 Three Roads to Quantum Gravity

此处需要强调，视界并不是构成黑洞的物体表面，而是这个区域能够将光发射到宇宙中的边界。视界内任何物体发出的光都会被捕获，无法超越黑洞的视界。根据广义相对论，形成黑洞的物体会被迅速压缩，很快达到无穷大的密度。

在黑洞视界的后面，依然是由持续的因果过程构成的宇宙的一部分，只不过我们无法从中得到任何信息。因此，这个区域被称为隐藏区域（hidden region）。宇宙中至少有百亿亿个黑洞，所以有很多任何观察者都看不到的隐藏区域。一个区域是否是隐藏区域一定程度上取决于观察者。因为一个掉进黑洞的观察者会看到他待在外边的朋友永远看不到的东西。在第 2 章，我们知道不同的观察者在他们的过去可能看到宇宙的不同部分。黑洞的存在意味着这不仅仅是一个等待遥远区域的光线到达我们的问题。我们可能就在黑洞的旁边，但无论等多久，都不会看到身处其中的观察者能够看到的东西。

所有观察者都有他们自己的隐藏区域。每个观察者的隐藏区域都由那些无论他们等待多久都无法从中获得信息的事件组成。每个隐藏区域都包括宇宙中所有黑洞的内部，但也可能包含其他类型的隐藏区域。例如，如果宇宙膨胀的速度随着时间的推移而增加，那么无论等待多久，宇宙中总会有我们永远无法收到其光信号的区域。来自这样一个区域的光子，可能是以光速向我们传播的，但由于宇宙膨胀速度的增加，它向我们传播所经过的距离总是比它到目前为止所走的距离要长。只要膨胀继续加速，这个光子就永远到达不了我们这里。与黑洞的隐藏区域不同，由宇宙加速膨胀所产生的隐藏区域取决于每个观察者的历史。每个观察者都有一个隐藏区域，但是对于不同的观察者而言，他们各自的隐藏区域是不同的。

由此便产生了一个有趣的哲学观点。客观性通常被认为与观察者的独立性有关。人们一般认为，任何依赖于观察者的东西都是主观的，也就是说，它并不是完全真实的。观察者的依赖排除了客观性这一观点，源自柏拉图派的古老哲学观。在柏拉图看来，真理并不存在于我们的世界中，而是存在于一个由所有永恒真理组成的虚构世界中。根据这一哲学观，寻找真理的过程类似于记忆的过程，而不是观察的过程，因此任何人都可以了解世界上的任何真相。这种哲学观与爱因斯坦的广义相对论并不一致，因为在这个理论所定义的宇宙中，有些东西既是客观真实的，同时又只是某些观察者才能知道的。因此，"客观性"与"人人皆知"是不一样的。这就需要一种不那么严格和牢靠的解释：所有那些能够确定某种观察的真实性的观察者都应当意见一致。

　　任何观察者的隐藏区域都有一个边界，这个边界将他们所能看到的宇宙的部分和不能看到的部分分隔开来。和黑洞的情形一样，这里的边界也被称为视界。和隐藏区域一样，视界也是与观察者有关的概念。对于任何黑洞外的观察者，黑洞都有一个视界，即把光无法逃逸的区域与宇宙其他区域分隔开来的表面。在黑洞的视界内，离开某一点的光将被无情地拉入内部，而视界外的光则能够逃脱（如图5-1和5-2所示）。尽管黑洞的视界是一个与观察者有关的概念，但仍有大量的观察者共享这个视界，即所有那些处于黑洞之外的人。所以黑洞的视界是一个客观属性，但它并不是所有观察者的视界，因为坠入其中的观察者将能够看到里面的东西，且跨越黑洞视界的观察者无法被仍处在黑洞外的观察者看到。

　　这有助于理解视界本身是光的表面，它们是由那些不能到达观察者的光线组成的（如图5-2所示）。黑洞的视界就是由受困于黑洞的引力场而无法逃离黑洞的光的表面构成的。我们可以把视界想象成光子构成的帘子，从视界内任何一点离开的光子都被向内拉，即使它们最初是从黑洞中心逃离的。

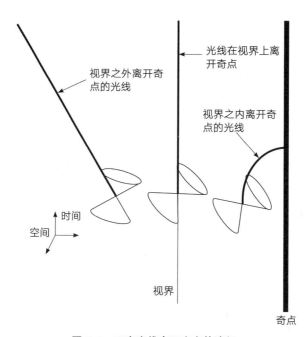

图 5-2　三束光线离开奇点的路径

其起点分别为视界内部、视界外部和视界上。

　　从黑洞的视界外离开的光子到达我们这里时将被延迟，因为靠近视界的光锥严重倾斜导致光线无法逃逸。光子运动的起点距离视界越近，延迟也就越长。视界是一个延迟变成无穷大的点，一个在那里释放的光子永远无法到达我们这里。

于是就有了下面这个有趣的结果。假设我们悬浮在离黑洞一定距离的地方，把一个时钟扔进黑洞，这个时钟每1/1 000秒就会发出一个光脉冲。我们则能够接收到信号并将其转换为声音。起初，我们听到信号是高音调的，因为我们接收到的信号频率为1 000赫兹（每秒1 000次）。但是，当时钟接近黑洞的视界时，由于每一个连续的脉冲到达我们都需要更多的时间，每一个信号都会延迟得越来越久。所以当时钟接近视界时，我们听到的音调就降低了。当时钟越过视界的瞬间，音调会立即降为零，然后我们就什么也听不到了。

这意味着，光的频率会因为逃离接近视界区域的需要而减小。这也可以从量子理论的角度解释，因为光的频率与它的能量成正比，就像我们需要能量来爬楼梯一样，光子也需要一定的能量才能从黑洞外的起点向我们接近。光子的起点距离视界越近，它在飞向我们时消耗的能量就越多。因此，它的起点距离视界越近，到达我们时的频率就会越低。另一个结果是，随着频率的降低，光的波长会增加。这是因为光的波长总是和它的频率成反比。因此，如果频率降低，波长就必须增加。

但这意味着黑洞就像一种显微镜。当然，它不是一个普通的显微镜，因为它的运作方式并非放大物体的图像，而是拉伸光波的波长。不过，这对我们非常有用。因为在很短的距离内空间的性质与我们看到的普通尺度下的空间不同。空间看起来与简单的三维欧几里得几何大不相同，尽管欧几里得几何似乎足以描述眼前可见的世界。这里有各种各样的可能性，后面的章节中会讨论。空间可能是离散的，这意味着空间几何可能存在量子不确定性。就像电子不能定位于原子内的精确一点，而是永远围绕着原子核跳舞一样，空间几何本身可能也在跳舞和波动。

我们通常无法在很小的尺度上看到发生了什么，因为我们不能用光来观察比光的波长还要小的东西。如果使用普通的光，即使最好的显微镜也无法分辨出大小是原子直径的几千分之一的物体，因为原子直径是光谱中可见部分的波长。为了能够看到更小的物体，我们可以使用紫外光，但现有的显微镜，即使是用电子或质子代替光的显微镜，也无法达到观测空间量子结构所需的分辨率。

但是黑洞为我们提供了解决这个问题的方法。因为发生在黑洞视界附近的微小尺度上的任何事情都会被放大，光的波长会随着光线向我们的运动而增大。这意味着如果我们能观察到来自黑洞视界的光，就能看到空间本身的量子结构。

　　不幸的是，到目前为止，想要制造一个黑洞的想法仍然是不切实际的，所以没有人能够做这个实验。但是，自20世纪70年代初以来，人们已经做出了一些不同寻常的预测，即如果能够探测到来自黑洞外区域的光，我们将会看到什么。这些预测就是将相对论和量子力学结合起来的第一个理论体系。接下来的三章将专门讨论这些预测。

06
黑洞热力学 2：
不断加速的观察者

　　要想真正了解黑洞是什么样子，我们必须想象自己在近距离观察。如果我们在黑洞的视界外徘徊（如图 6-1 所示），能看到什么？黑洞像行星和恒星一样有引力场，所以要在它的表面上空盘旋，我们必须让火箭引擎持续运转。一旦引擎关闭，我们就会自由落体，迅速地穿过视界，进入黑洞内部。为了避免这种情况，我们必须不断加速，以免被黑洞的引力场拖垮。这种情况类似于月球着陆器中的宇航员盘旋在月球表面上方，只不过我们看不到黑洞的表面。任何落入黑洞附近的东西都会加速从我们身边经过，如同落向视界。但是我们看不到由光子组成的视界，因为光子即使在不断朝着我们的方向运动，也永远无法抵达我们，它们被黑洞的引力场固定住了。我们能看到的光来自我们和视界之间的事物，但我们看不到来自视界本身的光。

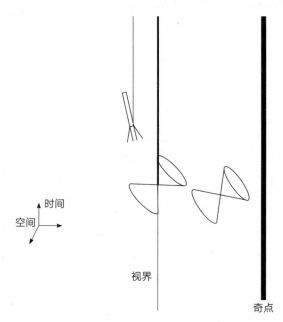

图6-1　一枚在黑洞的视界外盘旋的火箭

通过保持引擎运转，火箭可以在视界上方保持固定的距离。

你可能会认为这不太对。我们真的能在一个由永远无法到达我们的光子组成的表面上方盘旋吗？相对论认为没有什么能超过光速，这肯定与相对论矛盾吗？这是事实，但也有一些特殊条件。如果你是一个惯性观察者，也就是说，你以恒定的速度运动而不加速，光就能赶上你。但是如果你不断地加速，那么一束光如果从离你足够远的地方开始，将永远无法赶上你。事实上，这与黑洞没有任何关系。任何在宇宙中任何地方持续加速的观察者，都会发现自己处于一种类似于在黑洞的视界上方盘旋的状态。我们可以从图 6-2 中看到这一点：只要有足够的提前量，一个不断加速的观察者就可以超过光子。所以一个加速的观察者有一个隐藏区域仅仅是因为光子无法追上他。并且他有一个视界，也就是对他而言的隐藏区域的边界。这个边界把能追赶上他的光子与追不上他的光子分开。它是由那些尽管以光速运动，但永远不会靠近他的光子组成的。当然，这个视界完全依赖于加速度。一旦观察者关掉其引擎，以惯性运动，那么来自视界和更远处的光线就能追赶上他。

这似乎有些令人困惑。如果不可能比光速快，那么观察者怎么才能持续加速呢？请放心，我所说的绝不与相对论矛盾。原因是，尽管不断加速的观察者永远不会超过光速，但他却能够越来越接近这个极限。在每个时间间隔内，相同的加速幅度导致速度的增加越来越小。他越来越接近光速，但却永远无法到达。原因在于，当他接近光速时，他的质量会增加。如果他的速度与光速相等，他的质量就会变得无穷大。但是一个有无穷大质量的物体无法被加速，因此一个物体不能被加速到光速或更快。与此同时，随着他的速度越来越接近光速，相对于我们的时钟，他的时间会越来越慢。只要他开着引擎继续加速，这种情况就会一直持续下去。

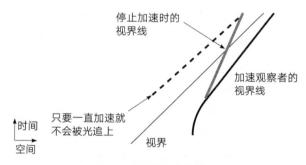

图 6-2　加速观察者的视界线

粗实线之一是一个不断加速的观察者的视界线。他不断靠近，但永远不会经过那道光线的路径，也就是他的视界。因为即使他继续加速，他的视野也无法超越视界。在视界的后面，我们能看到一道永远追不上他的光线。如果他停止加速，他就会穿过他的视界，从而看到另一边是什么。

我们在这里描述的是一个对于思考黑洞非常有用的比喻。一个在黑洞表面上方盘旋的观察者在很多方面就像一个在远离任何恒星或黑洞的区域并不断加速的观察者。这两种情况下都有一个隐藏区域，其边界就是视界。视界是由与观察者同向运动却永远无法靠近他的光构成的。想要穿越视界，观察者只需关掉引擎。此时，形成视界的光就会追上他，他则会进入视界后面的隐藏区域。

虽然加速观察者的情况类似于黑洞外的观察者，但在某些方面，他的情况更简单。因此，在这一章中，我们将绕一小段弯路，探讨一下一个不断加速的观察者眼中的世界，这有助于我们理解黑洞的量子特性。

当然，上述两种情况并不完全相似。不同之处在于，黑洞的视界是其客观属性，可被许多其他观察者看到。但是一个加速观察者的隐藏区域和视界只是加速的结果，只有他能看见。不过，这个比喻还是很有用。为什么？让我们先来问一个简单的问题：不断加速的观察者环顾四周时会看到什么？

假设他加速穿越的区域是空的，附近没有物质和辐射，只有真空。让我们先给加速观察者装备一套科学仪器，比如太空探测器携带的仪器：粒子探测器、温度计等。在他打开引擎之前，什么也看不见，因为其所在的区域是真空。那么，若他打开引擎，真的会不一样吗？

答案是肯定的。首先，他会体验到加速度，并因此感到

沉重，就像突然置身于引力场一样。从生活经验和科幻小
说中关于旋转空间站的人造引力的想象中，我们都知道加
速度和引力效应之间的等效性。这是爱因斯坦广义相对论
中最基本的原理，爱因斯坦称之为等效原理（equivalence
principle）。该原理指出，如果一个人待在一个没有窗户的
房间，没有跟外人接触，他就不可能区分这个房间是坐落在
地球表面，还是在一个远离地球、加速度和引力效应相同的
真空环境中。

　　但是，现代理论物理学最引人注目的进步之一是发现加
速度有另一种乍一看似乎与引力无关的效应。这种新效应非
常简单，即一旦观察者加速，观察者的粒子探测器就会开始
显示数据，尽管对于没有加速的普通观察者来说，他所经过
的空间是空的。换句话说，他不会像那些不加速的朋友们一
样认为其旅行的空间是空的。没有加速的观察者看到一个真
空，而加速观察者却看到自己在一个充满粒子的区域中旅
行。这种效应与引擎无关，如果他被绳子拉着加速，这种效
应仍然存在，是太空中加速的普遍结果。

　　更值得注意的是他温度计的示数。在开始加速之前，示
数是零，因为温度是随机运动的能量的度量，在真空中，没
有东西能显示非零的温度。但是现在温度计显示了温度，即

使改变的只是加速度。如果他做实验，就会发现温度与加速度成正比。事实上，他所有的仪器都会表现得就像他突然被光子和其他粒子的气体包围着一样，所有的温度都随着加速度增大而成比例升高。

必须强调的是，我所描述的从来没有被观察到。这一预测最早是在 20 世纪 70 年代早期由一位才华横溢的加拿大年轻物理学家比尔·昂鲁（Bill Unruh）提出的，当时他刚刚从研究生院毕业。他发现，作为量子理论和相对论的结果，一定有一种新的效应，虽然从未被观察到，但仍然是普遍存在的，即任何被加速的东西都必须被嵌入光子的热气体中，因此其温度与加速度成正比。温度 T 和加速度 a 之间的确切关系是已知的，由一个著名公式给出。这个公式是昂鲁第一个提出的，并且非常简单，这里我们可以引用这个公式：

$$T = a\,(h/2\pi c)$$

对于因子 $h/2\pi c$，其中 h 是普朗克常数，c 是光速。其数值在常规单位下是很小的，这意味着这个效应到目前为止还没有得到实验的证实。但它并不是无法被证实的，有人提议用巨大激光器加速的电子来测量它。在一个没有量子理论的世界里，普朗克常数为零，这种效应就不存在。当光速趋于无穷大时，这种效应也会消失，因此在牛顿物理学中这种效应也不存在。

这种效应意味着爱因斯坦著名的等效原理必有一种增补。根据爱因斯坦的理论，一个不断加速的观察者所处的状态就像一个坐在行星表面的观察者一样。而昂鲁则告诉我们，只有当行星被加热并且温度与加速度成正比时，这个效应才存在。

加速探测器探测到的热量来源于哪儿？热是能量，不能被创造，也不能被摧毁。因此，如果观察者的温度计示数升高，那必然有能量的来源。那么，它从何而来呢？能量来自观察者的火箭引擎，这有一定道理，因为这种效应只有在观察者加速的情况下才会出现，而且它需要一个持续的能量输入。热不是普通能量，它是随机运动中的能量。所以我们就要问，加速粒子探测器测量的辐射是如何随机化？为了明确这一点，我们必须深入探索真空的量子理论描述的奥秘。

根据量子理论，任何粒子都不能完全静止，因为这违反海森堡不确定性原理。一个静止的粒子必有一个精确的位置，因为它从不运动。同理，它也有一个精确的动量，即零。这也违反了不确定性原理：我们不可能同时知道一个粒子任意精度的位置和动量。根据该原理，如果我们知道一个粒子的绝对精确的位置，则必然完全不清楚它的动量大小，反之亦然。所以，即使我们能从一个粒子中去除所有能量，仍然会有一些固有的随机运动，这种运动叫零点运动（zero point motion）。

不太为人所知的是，这一原理也适用于弥漫空间的场，如携带源自磁体和电流的力的电场和磁场。在这种情况下，电场和磁场的状况就如同位置和动量。如果想测量某个区域电场的精确值，就必须完全忽略磁场，反之亦然。这意味着，如果我们同时测量一个区域的电场和磁场，就无法发现两者都为零。因此，即使一个空间区域可以冷却到零度，从而不包含能量，仍然会有随机波动的电场和磁场存在，这被称为真空的量子涨落（quantum fluctuations）。这些量子涨落是任何处于静止状态的普通仪器都无法探测到的，因为它们没有能量，而只有能量才能在探测器上显示出来。但令人惊奇的是，它们可以被加速探测器探测到，因为探测器的加速度提供了能量来源。正是这些随机的量子涨落提高了加速探测器携带的温度计的示数。

但这仍然不能完全解释随机性从何而来。它还与量子理论中的另一个中心概念有关，即量子系统之间存在非局域性关联。这些关联可以在某些特殊情况下被观测到，如爱因斯坦－波多尔斯基－罗森实验（Einstein-Podolsky-Rosen experiment，EPR 实验）。在 EPR 实验中，两个光子一起被创造，但是以光速反向传播。但测量时发现，它们的性质是相互关联的，以至于对其中任何一个的完整描述都会涉及另一个。无论它们相距多远，都是如此（如图 6-3 所示）。构成真空电场和磁场的光子都成对地以这种方式相互关联。此外，加速观察者的温度计检测到的每一个光子都与其视界之外的光子相关联。这意味着，如果他想要对看到的每一个光子进行完整的描述，需要的部分信息是他无法获取的，因为这部分信息存在于一个位于隐藏区域的光子中。所以，他观察到的光子的运动本质上是随机的，就像气体中的原子一样，他无法准确预测这些光子是如何运动的，因此他看到的运动也是随机的。但根据定义，随机运动产生热量，所以他看到的光子是热的！

让我们进一步讨论这个事情。物理学家有一个度量热系统的无序状态的量，叫作熵。它是对任何热系统中原子运动的无序程度或随机性的精确度量。这个度量也同样适用于光子。例如，我们可以说，来自我的电视上的测试模式的光子是随机的，比传送 X 文件到我眼中的光子的熵要大。被加速探测器探测到的光子是随机的，所以存在有限的熵。

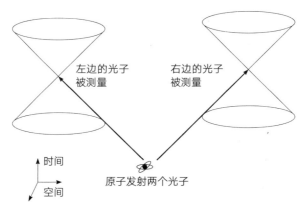

左边的光子
被测量

右边的光子
被测量

时间

空间

原子发射两个光子

图 6-3 爱因斯坦 - 波多尔斯基 - 罗森（EPR）实验

原子衰变产生两个光子，它们向相反的方向运动，然后在彼此
光锥以外的两个事件上进行测量。这意味着没有信息可以流到
左边的事件，即右边的观察者选择测量的事件。尽管如此，左
边观察者看到的和右边观察者选择测量之间还是有关联的。这
些关联信息传播的速度并不比光速快，因为它们只有在对两边
测量数据进行比较时才能被发现。

熵与信息的概念密切相关。物理学家和工程师可以测量
出在任何信号或模式中有多少信息可用。一个信号所携带的
信息等于"是 / 否"问题的数量，其答案可以编码在那个信
号中。在数字世界中，大多数信号都是以位序列的形式传输
的，即 1 和 0 的序列，也可以看作 yeses 和 noes 的序列。

因此，信号的信息内容就等于比特的数量，因为每个比特可能正在编码一个"是/否"问题的答案。从这个意义上说，兆字节就是信息的度量，而一台内存为 100 兆字节的计算机可以存储 1 亿字节的信息。由于每个字节包含 8 比特，每个比特对应一个"是/否"问题的答案，这意味着 100 兆字节的内存可以存储 8 亿个"是/否"问题的答案。

在一个随机系统中，例如在某个非零温度下的气体，大量的信息被编码为分子的随机运动。当我们用密度和温度等量来描述气体的时候，关于分子的运动和位置的信息并无具体说明。这些量是气体中所有原子的平均值，所以当人们用这种方式讨论气体时，大多数关于分子实际位置和运动的信息都被抛弃了。气体的熵是这种信息的一种度量，它等于能够给出气体中所有原子的精确量子理论描述所必须回答的"是/否"问题的数量。

被加速观察者看到的热光子的确切状态的信息丢失了，因为它被编码在隐藏区域光子的状态中。因为随机性是隐藏区域存在的结果，所以熵应该包含加速观察者看不见世界的程度，这与其隐藏区域的大小有关。或者可以这样说，熵实际上是一种对将观察者与其隐藏区域分开的边界大小的度量。他观察到的由加速而产生的热辐射的熵与其视界的面积成正比！视界面积和熵之间的关系是由一位名叫雅各布·贝肯斯坦（Jacob Bekenstein）的博士生发现的，他在普林斯顿大学工作的时间也大约是比尔·昂鲁工作中做出自己重大发现的时间。这两位都是约翰·惠勒（John Wheeler）的学生，约翰·惠勒在几年前就起了黑洞这个名字。惠勒有一批杰出的学生，其中就包括贝肯斯坦和昂鲁，此外还有理查德·费曼（Richard Feynman）。

　　这两位年轻的物理学家迈出了探索量子引力的最重要的一步。他们给出了两个普遍而简单的定律，这是第一批来自量子引力研究的物理预测。

- 昂鲁定律（Unrus's law）：加速观察者认为自己嵌入热光子的气体中，温度与其加速度成正比。
- 贝肯斯坦定律（Bekenstein's law）：每一个视界都形成一个边界，将观察者和一个隐藏区域分开，有一个与视界面积成正比的熵来测量隐藏在它后面的信息量。

　　这两个定律是了解量子黑洞的基础，将在下一章详细讨论。

07
黑洞热力学 3：
黑洞的温度

　　我们之所以一直在考虑一个加速的观察者，是因为其情况与一个在黑洞的视界上方盘旋的观察者非常相似。上一章结尾谈论的两个定律——昂鲁定律和贝肯斯坦定律，可以告诉我们在黑洞上空盘旋时能看到什么。应用这个类比，我们可以预测，在黑洞外的观察者会看到自己被嵌在热光子气体中，而热光子的温度与引擎为保持航天器在视界上方的固定距离悬停而需要提供的加速度有关。此外，这个观察者检测到的光子是随机的，因为对它们的完整描述需要超出视界的信息，由他所观察到的光子和超出视界的光子之间的关系来编码（如图 7-1 所示）。为了度量这些缺失的信息，他把熵归因于黑洞，这个熵和黑洞视界的面积成正比。

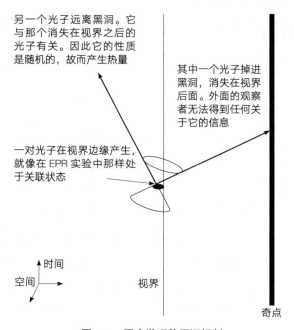

图 7-1 霍金发现的黑洞辐射

远离黑洞的光子具有随机性质和运动，因为它就像图 6-3 中的一个光子一样，与消失在视界后面的光子相关。因为在视界之外的观察者不能恢复消失光子携带的信息，向外移动的光子似乎有热运动，就像热气体中的分子。这导致离开黑洞的辐射具有非零的温度，并且也有熵，即对缺失信息的度量。

虽然这个类比很有用，但这两种情况之间仍有一个重要的区别，即加速观察者测量到的温度和熵仅仅是其自身运动的结果。如果他关掉引擎，构成他视界的光子就会赶上他，然后他就能看到对于他来说原本隐藏的区域。因此，他就无法再看到热光子气体，也测不出温度。因为他看到的是空白的空间，所以没有遗失信息，这与"没有隐藏的区域就没有视界"的观点相一致。但是对于黑洞，有无数的观察者一致认为存在一个他们看不到的视界。这不仅仅是他们运动的结果，因为所有没有穿过视界的观察者都认同黑洞和它的视界确实存在。这就意味着，远离黑洞的所有观察者一致认为黑洞有温度和熵。

对于不旋转、不带电荷的简单黑洞，其温度和熵的值可以非常简单地表示出来。用普朗克单位表示，黑洞的视界面积与其质量的平方成正比，熵（S）与视界面积成正比。在普朗克单位下，有一个简单的公式：

$$S = 1/4\, A/hG$$

其中 A 是视界的面积，G 是引力常数。

有一种非常简单的方法来解释这个公式，这要感谢杰拉德·特·胡夫特（Gerard 't Hooft）。在研究量子引力之前，他在基本粒子物理学方面做了重要的工作，并因此获得了 1999 年的诺贝尔物理学奖。他认为，黑洞的视界就像电脑屏幕，每四个普朗克区域就有一个像素。每个像素有两种状态：开或关，这意味着每个像素编码一比特的信息。黑洞中包含的信息的总比特数等于它覆盖视界所需要的像素的总量。普朗克单位非常小，覆盖一平方厘米需要 10^{66} 普朗克面积的像素。因此，一个视界直径几千米的黑洞可以包含巨量的信息。

除了作为信息的度量之外，熵还有另一种意义。如果一个系统有熵，它就会以不可逆的方式运行。因为根据热力学第二定律，熵只能被创造，而不能被破坏。如果茶壶掉在地上摔碎了，则熵大大增加，然而要把它重新组装起来是非常困难的。在热力学中，过程的不可逆性是用熵的增加来衡量的，因为熵增能够度量随机运动所造成的信息损失。这些信息一旦丢失，就永远无法恢复，因此熵通常不会减少。这是热力学第二定律的一种表达方式。

黑洞也在以一种不可逆的方式运行，因为物体可以落入黑洞，但不能从黑洞中出来。这导致黑洞的视界永远不会随时间缩小，该结果最先是由斯蒂芬·霍金（Stephen Hawking）发现的，他还给出了优美的论证。因此，我们可以得出结论，黑洞视界的面积类似于熵，只能随时间增加。贝肯斯坦的见解更为深刻，他认为，这不仅仅是一个类比，黑洞有真正的熵。他还推测熵与黑洞视界的面积成正比，并能够度量被困在视界之外的信息量。

你可能想知道，既然上述结论是基于一个简单的类比，似乎任何一个看过这个问题的人都能猜得出来，那么为什么其他物理学家没有像贝肯斯坦那样迈出这一步呢？原因是这个类比并不完整。因为如果没有东西能从黑洞里出来，那么它的温度就是零，因为温度是随机运动的能量的度量。如果一个盒子里什么都没有，就不会有任何形式的运动，不管是随机的还是其他什么形式。

因此，这种类比似乎并不明智，而是一种误用，这是所有领域新手思维的特征。但也有一些人认真对待了贝肯斯坦的理论，其中就包括斯蒂芬·霍金、保罗·戴维斯（Paul Davies）和比尔·昂昂。霍金首先揭开了谜底，他意识到，如果黑洞是热的，它与热力学定律就没有矛盾。通过类似于以上论述的一系列推理，他证明在黑洞外的观察者会看到，黑洞处于一个有限的温度中。用普朗克单位来表示，黑洞的温度（T）与质量（m）成反比，这就是第三定律，即霍金定律：

$$T = k/m$$

常数 k 在常规单位下非常小。因此，天体物理学的黑洞的温度比一度要低得多，故它们比 2.7 开尔文的宇宙微波背景辐射要冷得多。但质量小得多的黑洞会相应地更热，即使它的体积更小。一个珠穆朗玛峰质量的黑洞不会比一个原子核大，但它会以比恒星中心更高的温度发光。

黑洞发出的辐射被称为霍金辐射，它会带走能量。根据爱因斯坦著名的质能关系方程，$E=mc^2$，辐射也会带走质量。这说明真空中的黑洞必须失去质量，因为没有其他的能量来源为它发出的辐射提供动力。黑洞向外辐射其质量的过程被称为黑洞蒸发（black hole evaporation）。当黑洞蒸发时，它的质量就会减小。但是因为它的温度和它的质量成反比，所以当黑洞失去质量的时候，它就会变得更热。这个过程会一直持续下去，直到温度变得极高，以至于每一个发射出来的光子都能大致达到普朗克能量。此时黑洞的质量就大约等于普朗克质量，它的视界只有几普朗克长度。现在，我们已经深入量子引力起支配作用的领域了。接下来黑洞会发生什么，只能由一套完整的量子引力理论来决定。

天体物理学的黑洞蒸发是一个非常缓慢的过程。蒸发速度非常慢，主要取决于温度，而最初温度本身就很低。一个与太阳质量相同的黑洞需要约为现在宇宙年龄的 10^{57} 倍的时间去蒸发。所以这不是我们能很快观察到的。但黑洞蒸发结束后会发生什么很吸引我们这些研究量子引力的人。这个主题中有很多自相矛盾的地方值得反复思考。例如，被困在黑洞中的信息会发生什么变化？我们说过这些信息的数量与黑洞视界的面积成正比。但当黑洞蒸发时，它的视界面积会减小，那么这是否意味着被困在黑洞中的信息数量也在减少？如果不是，似乎就有矛盾了，但如果是的话，我们必须解释信息是如何被释放出来的，因为它是被视界后面的光子编码的。

　　同样，我们也可以探讨黑洞的熵是否会随着视界的缩小而减小。这似乎是必然的，因为两个量是相关的。但这一定违反熵永远不会减小的热力学第二定律吗？一个答案是不会，因为黑洞释放的辐射有很多熵，这足以弥补黑洞的损失。热力学第二定律只要求世界总熵永不增加。如果把黑洞的熵算在内，那么我们所有的证据都证明热力学第二定律仍然成立。当一个物体落入黑洞，外部世界可能会失去一些熵，但是作为弥补，黑洞内部的熵会增加更多。另一方面，如果黑洞发出辐射，它会损失表面积从而失去熵，但是外部世界的熵会增加以弥补它。

　　所有这一切的结果既令人满意又令人深感困惑。说它令人满意是因为，对黑洞的研究导致了热力学定律的美丽延伸。起初，黑洞似乎违反了热力学定律，但最终我们意识到如果黑洞本身有熵和温度，那么热力学定律就依然适用。而令人困惑的是，在大多数情况下，熵是缺失信息的一种度量。在经典的广义相对论中，黑洞并不复杂，它可以用一些数值来描述，比如质量和电荷。但是如果黑洞有熵，则肯定会有一些缺失的信息。而经典的黑洞理论没有给我们提供任何线索来解释这些信息的本质。贝肯斯坦、霍金和昂鲁的计算也没有给我们任何暗示。

　　如果经典理论没有任何线索来解释这些缺失信息的本质，那么只有一种可能性，那就是我们需要黑洞的量子理论来揭示它。如果能把黑洞理解为一个纯粹的量子系统，它的熵就必须包含一些关于它自身的信息，而这些信息只有在量子层面上才会十分明显。所以我们现在可以提出一个只有量子引力理论才能解答的问题：被困在量子黑洞中的信息的本质是什么？当我们用不同方法继续探索量子引力时，请记住这个问题，因为量子引力理论对这个问题的回答可以作为对该理论一个很好的测试。

08
黑洞热力学 4：
空间的单位与有限的信息

在 20 世纪初，很少有物理学家相信原子学说，而现在凡受过教育的人几乎都相信原子学说。但是空间呢？如果我们取一立方厘米的空间，可以把每条边都分成两部分，从而得到 8 个更小的空间。当然，这种分割可以继续，永不停息。但是对于物质，可以分割的次数是有限的，因为最后会只剩下单个的原子。那么空间也是如此吗？如果我们持续分割它，最终会得到一个最小的空间单位，即一个最小的体积吗？还是我们可以永远继续下去，把空间分割得越来越小？我在前言中所描述的三条道路都支持这个问题的同一个答案，即空间确实有最小的单位。它比物质的原子小得多，然而，正如本章和其后三章将要论述的那样，我们有充分的理由相信，连续的空间和平滑的物质一样，都是一种错觉。当我们观察足够小的尺度时，会发现空间是由可以计数的东西构成的。

或许用离散客体把空间形象化是十分困难的。毕竟，为什么有些东西不能装进最小空间单位体积的一半呢？答案是，这是一种错误的思考方式，因为提出这个问题就是假设空间有某种绝对存在，万物都能适应。为了理解空间是离散的，我们必须将思维方式完全转变为关系思维，并真正地尝试去观察和感受我们周围的世界，它只是一个不断发展的关系网络。这些关系不是空间物体之间的关系，而是构成世界历史的事件之间的关系。关系定义空间，而非相反。

以这种观点来看，说世界是离散的是有意义的。这样会让人更容易理解，因为我们只需要设想有限数量的事件。我们很难想象由关系网络构建的平滑空间，因为这种想象要求空间中无论多么小的体积中的事件都存在无限数量的关系。就算没有其他的证据（确实有），离散的概念使时空的关系图更容易理解的事实也足以促使我们将时空视为离散的。

当然，到目前为止还没有人观察到空间的"原子"，也没有任何源自以空间是离散的为假设并且被实验证实的理论的相关预测。那么，为什么许多物理学家已经开始相信空间是离散的呢？因为现在的状况在某些方面类似于大多数物理学家开始相信原子存在的时期，也就是 1890—1910 年这20 年的时间。第一个被承认使用最原始的基本粒子加速器探测到原子的实验，直到 1911—1912 年才完成。在那之后，大多数物理学家开始确信原子的存在。

目前，我们正处于物理学定律被改写的关键时期，一如1890—1910 年这个时期，20 世纪那场导致相对论和量子物理学诞生的物理学革命由此开始。致使人们接受原子存在的关键论点就是在那个时期形成的，最初被用来解释因物质和辐射是连续的这个假设而产生的悖论和矛盾。但真正发现原子的实验是后来才出现的，因为原子的概念化要求原子的发现源自实验结论的一部分。如果早在 20 年前就进行了这些实验，其结果甚至可能不会被视为原子存在的证据。

说服人们相信原子存在的关键在于理解控制热量、温度和熵的定律，即物理学中被称为热力学的部分。热力学定律中的第二定律我们已经讨论过了，它认为熵永远不会减少。第零定律（zeroth law of thermodynamics）认为，当一个系统的熵极高时，它就会达到一个统一的温度。二者之间的则是第一定律，它认为能量永远不会被创造或被消灭。

在 19 世纪的大部分时间里，大多数物理学家其实并不相信原子学说。即使化学家们发现了暗示原子存在的规律，即不同的物质以固定的比例结合，但物理学家们对此并不怎么感兴趣。直到 1905 年，他们中的大多数人都还认为物质是连续的，或者说验证原子是否存在的问题并非当时的科学所能解决的，因为即使原子存在，也永远无法被观测到。这些科学家以一种不涉及原子或其运动的形式发展了热力学定律。他们当时并不相信我在前几章中介绍的温度和熵的基本定义，即温度是随机运动能量的度量，而熵是信息的度量。相反，他们把温度和熵理解为物质的基本性质，即物质是连续的，温度和熵是其基本性质之一。

热力学定律不仅没有提到原子，19 世纪这个理论的奠基人甚至还找到了原子和热力学之间没有关系的证据。因为，根据热力学第二定律，熵随时间增加，也就在时间上引入了不对称性。该定律还指出，未来不同于过去，因为未来是宇宙熵增加的方向。这些人还推断，如果原子存在，那么原子必须遵守牛顿定律，但在牛顿力学中，时间是可逆的。假设，你要根据牛顿定律制作一部一组粒子相互作用的电影，然后向一群物理学家展示这部电影两次，一次正常播放，另一次倒放。只要电影中粒子个数足够少，物理学家就无法确定时间的正确走向。

但是对于大而宏观的物体来说，情况就大不相同了。在我们生活的世界里，未来与过去有很大的不同，而这正是熵随时间而增加的定律所规定的。这似乎与牛顿的理论中"未来和过去是可逆的"这一事实相矛盾，所以许多物理学家拒绝相信物质是由原子构成的。直到 20 世纪的前几十年，才有了确凿的实验证明原子的存在。

温度是随机运动的能量的度量，而熵是信息的度量，这些概念都是热力学统计公式的基础。根据这一观点，普通物质是由大量原子构成的。这意味着人们必须从统计学的角度对普通物质的行为进行推理。根据统计力学（statistical mechanics）创始人的观点，人们可以用从牛顿定律推导出的热力学定律来解释关于时间方向的明显悖论，即热力学定律不是绝对的，它们描述了最有可能发生的事情，但总还是会有违背这些定律的事情发生，虽然可能性很小。

特别地，这些定律断言大多数时候大量的原子会以这样一种方式演化到一个更随机的、更无序的状态。这只是因为相互作用的随机性会冲击最初出现的任何组织或秩序。虽然这不一定会发生，但发生的可能性最大。一个经过精心设计的系统，或者包含了能够保存发生过的事情的记忆的结构，比如 DNA 这样的复杂分子，人们可以看到它从一个不那么有序的状态演化到一个更有序的状态的过程。

　　这个论点相当微妙，大多数物理学家经过了几十年才被说服。作为熵与信息和概率相关这一理论的创始人，路德维希·玻尔兹曼（Ludwig Boltzmann）在 1906 年自杀身亡时，大多数物理学家还没有接受他的观点。无论玻尔兹曼的抑郁症是否与他的同事未能理解他的推理有关，玻尔兹曼的自杀至少产生了一些深远的影响：他说服了一位名叫路德维希·维特根斯坦（Ludwig Wittgenstein）的年轻物理学学生放弃物理学，前往英国学习工程学和哲学。事实上，最终说服大多数物理学家相信原子存在的论据，是在一年前由当时在专利局任职员的阿尔伯特·爱因斯坦发表的。这个论据与统计观点允许热力学定律偶尔被违反有关。玻尔兹曼发现，对于包含无穷多个原子的系统，热力学定律是完全适用的。当然，在一个给定的系统中，比如玻璃杯中的水，原子的数量是非常大的，但它不是无限的。爱因斯坦意识到，对于包含有限数量原子的系统，热力学定律偶尔会遇到反例。由于玻璃杯中原子的数量很大，这些影响很小，但在某些情况下仍然可以被观察到。利用这一事实，爱因斯坦发现了可以观测到原子运动的方式。在显微镜下观察，花粉会随意地在周围跳动，因为它是被与之碰撞的原子所振动的。由于每个原子的大小有限，能量有限，所以虽然原子因本身太小而不能被看见，但它们与花粉颗粒碰撞时产生的振动却能被看到。

这些论据成功说服了爱因斯坦和其他一些人，比如他的朋友保罗·埃伦费斯特（Paul Ehrenfest），后者将同样的推理应用于光。根据詹姆斯·克拉克·麦克斯韦（James Clerk Maxwell）在 1865 年发表的理论，光由穿过电磁场的波组成，每个波携带一定的能量。爱因斯坦和埃伦费斯特则想知道是否能利用玻尔兹曼的理论来描述烤箱内部的光的特性。

当烤箱壁上的原子被加热并产生振动时，就会发出光。那么这里的光是热的吗？它有熵和温度吗？令所有人都深感困惑的是，他们发现，除非光在某种意义上也由原子组成，否则就会出现可怕的不一致性。每一个光原子，或者他们所谓的量子，必须携带一个与光的频率有关的能量单位。这就促成了量子理论的诞生。

关于这个故事的讲述就到此为止了，因为它是一个非常曲折的故事。爱因斯坦和埃伦费斯特在他们的推理中应用的一些结果是由马克斯·普朗克（Max Planck）早些时候发现的，马克斯·普朗克在 5 年前就研究了热辐射问题。正是在这项工作中，著名的普朗克常数首次被提出。但是普朗克是那些既不相信原子也不相信玻尔兹曼理论的物理学家之一，所以他对自己的研究结果非常困惑，甚至在某种程度上有些矛盾。不仅如此，他还做出了一个复杂的论证来证明光子不存在。所以，量子物理学的诞生更多应该归功于爱因斯坦和埃伦费斯特。

讲这个故事是为了更好地理解热力学定律，该定律促使我们对原子物理学的理解迈出了关键的两步。这些论证使物理学家相信原子的存在，也首次发现了光子的存在。这两步都是由年轻的爱因斯坦在同一年推动的，事实上这并非巧合。

现在，我们可以重新回到量子引力，特别是量子黑洞。我们由前几章已经知道黑洞是可以用热力学定律描述的系统。因为它们有温度和熵，也服从熵增定律的延伸。这里我们就要提出几个问题：黑洞的实际温度是多少？黑洞的熵到底描述了什么？最重要的是，为什么黑洞的熵与视界的面积成正比？

对物质的温度和熵的探索导致了原子的发现。对辐射的温度和熵的研究导致了量子的发现。同样，对黑洞的温度和熵的探索导致了空间和时间"原子结构"的发现。

设想一下，一个黑洞与由原子和光子组成的气体相互作用。黑洞可以吞噬原子或光子。但是当它这样做的时候，黑洞外区域的熵就会减小，因为熵是关于那个区域的信息的度量，如果原子或光子更少，那么对气体可能的了解就会更少。为了弥补这一缺陷，黑洞的熵必须增加，否则就会违反熵永远不会减少的定律。由于黑洞的熵与视界的面积成正比，其结果必然是视界扩大了一点。

的确，这就是事实。当然这个过程也可以反过来：视界缩小一点，则意味着黑洞的熵减少。为了弥补，黑洞外的熵必须增加。要做到这一点，黑洞必须在外部产生光子，这里的光子也就构成了霍金预言的黑洞应该发出的辐射。光子是热的，所以它们可以携带熵来补偿视界的缩小。

为了遵循熵不减少的定律，黑洞外原子和光子的熵和黑洞本身的熵之间的平衡不断受到冲击。我们据物质由原子构成的观点来理解黑洞外的熵，它应该与信息的缺失有关。黑洞本身的熵似乎与原子或信息无关，它只是与空间和时间的几何关系有关的量的度量，与黑洞视界的面积成正比。

在两个完全不同的事物之间维持平衡或交换的规则是不完整的。这就好像我们有两种货币，一种是有价值的、有实体的，比如黄金，而另一种就只是一张纸。假设我们可以自由地把这两种货币混合进银行账户，那么这样的经济就会建立在矛盾的基础之上，无法长久。类似的，一个物理定律，允许信息转换成几何，反之亦然，但没有解释原因的话也不会存在很长时间。因此，在对等的基础上一定有更深刻但也更简单的东西。

这就提出了两个深刻的问题：

- 在空间和时间的几何结构中是否存在原子结构，以便能使我们以与理解物质的熵完全相同的方式来理解黑洞的熵，并将其作为关于原子运动的信息的度量？
- 当我们理解几何的原子结构时，视界的面积与它所隐藏的信息量成正比的原因还明显吗？

自 20 世纪 70 年代中期以来，这些问题已经激发了大量的研究。在接下来的几章中，我将解释为什么物理学家越来越一致地认为这两个问题的答案必须是肯定的。

圈量子引力理论和弦理论都断言空间有原子结构。在接下来的两章中，我们将看到圈量子引力理论实际上相当详细地对原子结构进行了描述。从弦理论得到的原子结构图景目前还不完整，但是，正如我们将在第 11 章中看到的，弦理论仍然无法回避空间和时间必须有原子结构这一结论。在第 13 章中，我们将发现有两幅空间原子结构的图景都可以用来解释黑洞的熵和温度。

但是，即使没有这些详细的图景，也有一个普遍论点，仅仅基于我们在前几章中学到的东西可以得出，空间必须有一个原子结构。这个论点基于一个简单的事实，即视界有熵。在前面的章节中，我们已经知道黑洞的视界本身和加速观察者所经历的视界是相同的。在每种情况下，都有一个隐藏的区域，在这个区域内，信息会被捕获，外部观察者无法触及。而由于熵是缺失信息的一种度量，在这种情况下，与视界相关的熵是合理的，视界是隐藏区域的边界。但最值得注意的是，用熵来度量的信息缺失量有一个非常简单的形式，用普朗克单位表示，它等于视界面积的四分之一。

信息的缺失量取决于被困区域的边界的面积，这是一条非常重要的线索。如果我们把这种依赖关系和第 4 章的时空概念结合起来，即时空是由从过去到未来传递信息的过程构成的，它就变得更加重要了。如果表面可以被看作信息从一个空间区域流向另一个空间区域的一种通道，那么表面的面积就是它传递信息能力的一个度量。这非常具有启发性。

　　同样奇怪的是，被捕获的信息数量与边界面积成正比。因为，如果在一个区域内可以被捕获的信息量与其体积而非面积成正比，也许会更加自然。无论边界的另一边是什么，都被困在了隐藏区域中，在边界的单位面积上，它只能包含有限数量的"是/否"问题的答案。这似乎是说，黑洞的视界面积是有限的，它只能容纳有限的信息。

　　如果这是对我上一章描述的结果的正确解释，则足以证明世界必然是离散的，因为给定的空间体积是否在视界后面取决于观察者的运动。对于任何体积的空间，我们都可以找到一个加速远离它的观察者，从而使这个区域成为观察者隐藏区域的一部分。由此我们可以得知，在这个体积中，没有比我们讨论的极限更多的信息了，因为边界的每个单位面积的信息是有限的。如果这是正确的，那么任何区域都不能包含超过有限数量的信息。但如果世界真的是连续的，那么每单位体积的空间都将包含无限数量的信息。在连续的世界里，即使是一个电子的位置，也需要无限的信息来准确描述。这是因为位置是由实数给出的，而大多数实数需要无穷位数来描述它们。如果把它们的小数展开式写出来，则有无穷位数。

实际上，可能存储在视界后面的最大信息量是巨大的，每平方厘米有 10^{66} 比特信息。到目前为止，还没有实际的实验接近这个极限。但是，如果我们想在普朗克尺度上描述自然，则肯定会遇到这个限制，因为每 4 个普朗克区域只允许我们谈论 1 比特信息。毕竟，如果限制是每平方厘米 1 比特信息，而不是每平方普朗克区域 1 比特信息，那么我们很难看到任何东西，因为那样我们的眼睛一次最多只能对一个光子做出反应。

20 世纪的物理学中许多重要的原理都被表达为我们认知的局限。爱因斯坦的相对论（它是伽利略原理的延伸）指出，没有任何实验能区分静止和匀速运动。海森堡不确定性原理指出，我们不可能同时准确知道粒子的位置和动量。这些局限告诉我们，对于我们可获得的视界另一边所包含的信息，存在着绝对的限制，它被称为贝肯斯坦界。20 世纪 70 年代，雅各布·贝肯斯坦发现黑洞熵之后不久，写了一篇论文，发表了有关贝肯斯坦界的观点。

奇怪的是，在贝肯斯坦的论文发表后的 20 年里，似乎很少有人认真对待这个问题，尽管从事量子引力研究的人已经意识到这一结果。虽然使用的论据很简单，但雅各布·贝肯斯坦却遥遥领先于他的时代。事实上，信息的确是有绝对限制的，它要求每个空间区域最多包含一定数量的信息，但是这种观点对当时的人们来说还是过于震惊以至于无法认同。这与空间是连续的观点相矛盾，因为这一观点认为每个有限的体积可以包含无限的信息。在贝肯斯坦界被认真对待之前，人们必须用其他方法来解释为什么空间应该有一个离散的原子结构。要做到这一点，我们必须学会用尽可能小的尺度来研究物理。

09
圈量子引力 1：
对空间的计量

研究量子引力的第一个途径是圈量子引力理论，它详细描述了空间和时空的原子结构。这一理论提供的不仅仅描述世界的图景，它还精确地预测了在普朗克尺度上探测空间几何将会观察到什么。

根据圈量子引力理论，空间是由离散的原子构成的，每个原子的体积都非常小。与普通的几何形状不同，这里给定的区域不能是任意大小，而必须是有限的一组数字中的一个。这正是量子理论对其他物理量的影响：一些根据牛顿物理学应取连续值的物理量，在量子理论中被限制为只能取某一有限数集合中的数，比如原子中电子的能量以及电荷的值。因此，空间的体积被预测是量子化的。

这样就会产生一个最小的体积单位。这个最小的体积单位非常之小，例如一个顶针就能包含大约 10^{99} 个最小体积单位。如果你想把这么大的体积减半，你不会得到两个一分为二各占一半体积的空间，相反，这个过程将创建两个新区域，它们加在一起的容量将比之前更大。或者可以这样说，试图测量小于最小尺寸的体积单位会改变空间的几何形状，从而产生更多的体积。

体积并不是在圈量子引力理论中唯一被量化的量。任何区域都是由边界包围的，边界的面积以平方厘米为单位。在经典几何中面积可以是任意大小。然而，圈量子引力理论中却存在一个最小的单位面积。与体积相同，该理论将一个表面的面积限制为一组有限的值。在这两种情况下，面积和体积的数值间距，即普朗克长度的平方和立方的间距很小。所以我们会产生错觉，认为空间是连续的。

这些预测可以通过用普朗克尺度来测量物体的几何形状进行证实或反驳。但是由于普朗克尺度太小，所以要进行这些测量很难，不过也不是不可能，我会在适当的时候解释这一点。

在这一章和下一章中，我将讲述圈量子引力理论是如何从一些简单的想法发展成在最小尺度上对时间和空间的详细描述的。这些章节可能会比其他章节更具叙述性，因为我会从个人经验的角度来描述该理论发展过程中的一些情节，这样做主要是为了举例说明那些使科学思想得以发展的复杂而又出乎意料的方式。这只能通过讲故事来传达，但我必须强调，这里有很多故事。我猜弦理论的发明者会有更好的、更具戏剧性的故事。同时，我也要强调，我并不希望这些章节单单讲述圈量子引力理论的发展史，我相信每个研究这个理论的人都会以不同的方式讲述这个故事。我所讲的故事很粗略，省略了很多理论发展过程中的具体情节和步骤，遗漏了许多曾经对这个理论做出过重要贡献的人。

圈量子引力理论的故事真正开始于 20 世纪 50 年代，最初的想法来自一个完全不同的学科——超导体物理学。物理学是这样的，有些真正好的想法是从一个领域传递到另一个领域的。金属和超导体等材料物理学一直是有关物理系统研究的丰富理论来源。因为在这些领域中，理论和实验之间存在着密切的相互作用，这使发现物理系统新规则成为可能。基本粒子物理学家无法直接探测他们所模拟的系统，因此在某些情况下，我们为了寻找新思路而借助了材料物理学。

　　超导性是一种特殊的"相"，处于这种相的某些金属的电阻可以降到零。当金属冷却到所谓的临界温度（critical temperature）以下，就能变成超导体。这个临界温度通常很低，只比绝对零度高一点。在这个温度下，金属发生相变，就像冻结一样。虽然它本来就是固体，但它的内部结构还会因此发生巨大的变化，使电子从原子中释放出来，并毫无阻力地穿过原子。自20世纪90年代初以来，人们一直在努力寻找在室温下具有超导性的材料。如果能找到这种材料来大大降低供电成本，将产生深远的经济影响。但我想讨论的这些想法可以追溯到20世纪50年代，当时人们第一次了解到简单的超导体的工作方式。开创性的一步是约翰·巴丁（John Bardeen）、莱昂·库珀（Leon Cooper）和约翰·施里弗（John Schrieffer）提出了BCS超导理论。他们的发现非常重要，不仅影响了后来材料理论的发展，也影响了基本粒子物理和量子引力的发展。

　　你可能还记得你在学校用磁铁、纸张和一些铁屑做的简单实验。把一张纸放在磁铁上方，然后将铁屑铺到那张纸上，将磁场可视化，你会看到一系列的曲线从磁铁的一端延伸到另一端（如图9-1所示）。正如你的老师可能告诉你的那样，磁场线的明显离散是一种错觉。在本质上，它们是连续分布的。因为铁屑的大小有限，所以它们看起来只是一组离散的线。然而，有一种情况下，磁场线确实是离散的。这种情况就是，如果你让磁场穿过超导体，磁场就会分裂成离散的磁通线，每条磁通线都带有一个基本的磁通量单位（如图 9-2 所示）。实验表明，通过超导体的磁通量始终是这个基本单位的整数倍。

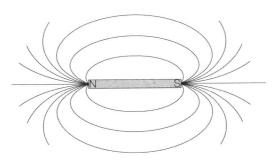

图 9-1　普通磁铁两极之间的磁场线

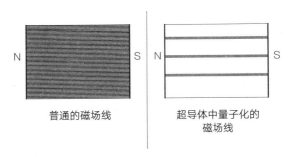

普通的磁场线　　　　超导体中量子化的
　　　　　　　　　　磁场线

图 9-2　磁通量

超导体的磁场分裂成离散的磁通线，每条磁通线都承载着一定数量的磁场。

超导体中的磁场线呈离散状态分布是一个非常奇妙的现象。它既不同于电荷的分立性,也不同于物质的离散性,因为它跟一个携带力的场有关。而且,由于它依赖于材料性质以及通过的磁场,所以看起来我们可以随意让它产生或者消失。

同样,电场也有电场线,虽然没有铁屑实验让其可视化。但在已知的所有情况下,电场线都是连续的,目前还没有发现类似于超导体的材料来将电场线分裂成离散的单元。但我们仍然可以想象有一个电子超导体,其电场的电场线会被量子化。这个想法很成功地解释了另一个看似不相关的研究课题的结果:实验表明,质子和中子都是由三个叫作夸克的小实体组成的。

我们有足够的证据证明质子和中子里面有夸克,就像原子里面有电子、质子和中子一样。不过区别在于,夸克似乎被困在质子内部。没有人见过夸克在质子、中子或其他粒子外自由运动。从原子中释放电子是很容易的,因为只要提供一点能量,电子就会跳出原子自由移动。但是还没有人找到从质子或中子中释放夸克的方法。我们认为夸克是被禁闭的(confined)。接下来需要了解的是,是否有一种力像电场作用于原子核周围的电子一样让夸克永远出不来。

湛庐文化·科学大师 书系

《人类的起源》
作　者：[肯尼亚]理查德·利基
　　　　Richard Leakey
定　价：69.90元
ISBN：978-7-213-09300-5

《基因之河》
作　者：[英]理查德·道金斯
　　　　Richard Dawkins
定　价：69.90元
ISBN：978-7-213-09485-9

《宇宙的起源》
作　者：[英]约翰·巴罗
　　　　John Barrow
定　价：69.90元
ISBN：978-7-5576-7864-7

《宇宙的最后三分钟》
作　者：[澳]保罗·戴维斯
　　　　Paul Davies
定　价：69.90元
ISBN：978-7-5576-8009-1

《六个数》
作　者：[英]马丁·里斯
　　　　Martin Rees
定　价：69.90元
ISBN：978-7-5576-8592-8

《性的进化》
作　者：[美]贾雷德·戴蒙德
　　　　Jared Diamond
定　价：69.90元
ISBN：978-7-5576-8635-2

《丹尼尔·希利斯讲
计算机》
作　者：[英]丹尼尔·希利斯
　　　　W. Daniel Hillis
定　价：69.90元
ISBN：978-7-5576-8775-5

《丹尼尔·丹尼特讲
心智》
作　者：[美]丹尼尔·丹尼特
　　　　Daniel C. Dennett
定　价：79.90元
ISBN：978-7-5576-9452-4

《李·斯莫林讲
量子引力》
作　者：[美]李·斯莫林
　　　　Lee Smolin
定　价：89.90元
ISBN：978-7-5647-9340-1

《恩斯特·迈尔讲进化》
What Evolution Is
作　者：[德]恩斯特·迈尔
　　　　Ernst Mayr
- 即将出版

　　许多不同的实验告诉我们，把夸克凝聚在质子中的力与电场力非常相似。我们知道力是由线组成的场传递的，就像电场线和磁场线。这些线连接夸克携带的电荷，就像电场线连接正负电荷一样。然而，夸克之间的力比电场力复杂得多，因为电场力只有一种电荷，而夸克之间的力有三种不同的电荷，每一种都可以是正的或负的。这些不同的电荷被称为色荷（color charge），所以描述它们的理论被称为量子色动力学（QCD）。这与普通的颜色无关，只是一个生动的术语，提醒我们有三种电荷。想象一下，两个夸克由一些彩色电场线连接在一起（如图 9-3 所示）。实验表明，当两个夸克非常接近时，它们几乎可以自由运动，彼此之间的力并不是很强。但如果试图分离这两个夸克，将它们结合在一起的力就会上升到一个恒定值，无论它们相距多远，这个值都不会下降。这与随着距离的增加而变弱的电场力有很大的不同。

　　用一个简单的方法来描述。假设两个夸克由一根弦连接，而这个弦有一个特殊的属性，它可以被拉伸到我们想要的任何长度。要分离夸克，我们必须拉伸弦，而拉伸需要能量。无论弦已经被拉了多长，我们都需要投入更多的能量来拉伸它。为了把能量注入弦，我们必须用力拉它，这意味着夸克之间有一个力。无论夸克相距多远，要想把它们拉得更远，你必须把弦拉得更长，这意味着它们之间总有一个力（如图 9-3 所示），无论它们相距多远，它们仍然通过弦连接在一起。这个把夸克连接在一起的力的描述非常成功，并解释了许多实验的结果。但它也带来了一个问题：弦是由什么构成的？它本身是一个基本实体，还是由更简单的东西组成？这也是几代基本粒子物理学家一直致力于解答的问题。

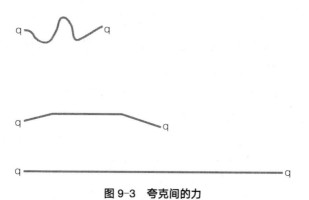

图 9-3　夸克间的力

夸克是由场的量子化通量线组成的弦连接在一起的，这个场被称为 QCD 场，类似于超导体中的量子化磁通线（如图 9-2 所示）。当两个夸克被拉得离彼此更远时，磁通线就会被拉伸，但夸克之间的力无论相距多远都是一样的，因此夸克不能被分开。

这里有一个很好的线索，两个夸克之间的弦就像超导体中的磁通线。它表明了一个简单的假设：也许真空很像超导体，只不过最终离散的是使夸克色荷结合在一起的力线，而不是磁通线。在这个假设中，夸克上色荷之间的力线类似于电场而不是磁场。因此，这个假设可以非常简洁地表述为：真空是一种色荷超导体。这是近几十年来基本粒子物理学中最具开创性的观点之一。它解释了为什么夸克被限制在质子和中子中，以及关于基本粒子的许多其他事实。但真正有趣的是，尽管这个想法听起来很清楚，却包含着一个谜题，因为它可以用两种完全不同的方式来看待。

我们可以把色电场看作基本实体，然后试着理解夸克之间拉伸的弦的图像，因为空间具有某种特殊属性，使它类似于超导体的电子形式。这是那些研究 QCD 的物理学家所采取的路线。对他们来说，关键问题是理解为什么真空具有使其在某些情况下表现得像超导体的特性。这并没有听起来那么疯狂。正如第 6 章所讨论的那样，在量子理论中，空间被视为充满振荡的随机场。所以，我们可以想象这些真空波动有时会像金属中的原子那样，导致像超导这样的大规模效应产生。

不过，还有另一种方法来解释夸克是由拉伸的弦连接在一起的。按照这种方法，弦本身被看作基本实体，而不是由某种场的力线组成。这个解释构成了弦理论的雏形：弦是基础，场只是弦在某些情况下的行为的一个近似的图像。

我们有两种不同的观点。一种认为弦是基本的，场线是一个近似的图像。而另一种则认为场线是基本的，弦是派生的实体。两种观点都被研究过，并且都在解释实验结果方面取得了一些成功。但是真的只有一个是正确的吗？20 世纪 60 年代人们只有一种图景，即弦理论。在这段时间里，一些物理学家播下了种子，20 年后，弦理论作为一种可能的量子引力理论被提出。QCD 是在 20 世纪 70 年代被提出的，并且很快就取代了弦理论，因为 QCD 作为一种基本理论显得更成功。不过，弦理论在 20 世纪 80 年代中期得到复苏。现在，我们进入了 21 世纪，这两种理论都得到了蓬勃发展。也许其中一个比另一个更根本，但我们还不能确定究竟是哪一个。

也许还有第三种可能，即弦和场是看待同一事物的不同方式。这样理解的话，任何实验都无法验证弦或场谁才是根本的。这种可能性引起了许多理论物理学家的兴趣，因为它挑战了我们思考物理学的一些最深层的本能。它被称作二象性假说（hypothesis of duality）。

我要强调的是，这个二象性假说与量子理论中的波粒二象性是不一样的，但它和波粒二象性原理或相对论原理一样重要。正如相对论和量子理论的原理一样，二象性假说告诉我们，两种看似不同的现象可能只是描述同一事物的两种方式。如果这是真的，那么它将对我们理解物理学产生深远的影响。

二象性假说也解决了自 19 世纪中期以来困扰物理学界的一个问题，即世界上似乎有两种东西：粒子和场。这种二元论的描述似乎是必要的，因为我们自 19 世纪以来就知道，带电粒子之间不直接相互作用，而是通过电场和磁场相互作用。这是许多现象背后的原因，包括信息在粒子之间传播的速度有限这一现象，其原因就是信息通过场中的波传播。

许多人一直困扰于需要假设两种截然不同的实体来解释世界。19 世纪，人们试图用物质来解释场，这就是著名的以太理论，而爱因斯坦成功地推翻了这个理论。现代物理学家试图用场来解释粒子，但这并不能解决所有问题，其中最无法被解释的一些问题与场理论中充满无限量有关。它们的产生是因为带电粒子周围的电场强度随着距离粒子越来越近而增加。但是粒子没有大小，所以人们可以随心所欲地接近它。因此，在接近粒子时场强趋于无穷。这就是现代物理学中出现许多无限表达式的原因。

有两种方法可以解决这个问题，并且两者都在量子引力中占有重要地位。一种方法是否认空间是连续的，这样就不可能无限接近一个粒子。另一种方法是二象性假说，即用弦代替粒子。这可能会起作用，因为从远处看，人们无法真正分辨某个东西是点还是小圈。但如果二象性假说是真的，那么弦和场就可能是看待同一事物的不同方式。这样，通过接受二象性假说，那几个困扰了我们近两个世纪的物理学难题就可以得到解决。

我个人是相信这个假说的。究其原因，跟我在 1976 年进入研究生院前后参加的两个研讨会有关。我在哈佛大学面试的那天，肯尼思·威尔逊（Kenneth Wilson）碰巧在哈佛大学做一个有关 QCD 的演讲。威尔逊是最具影响力的理论物理学家之一，他贡献了多项创新，也包括那次演讲的主题。在那次演讲上，他提出了一种不同寻常的方法来理解真空超导体的图像，这对包括我在内的许多物理学家的工作产生了重大影响。

威尔逊要求我们假设空间不是连续的，而是一种用线将点按规则排列的图（如图 9-4 所示）。我们称这样的正则图为格点。他告诉我们格点的节点之间的距离非常小，比质子的直径小得多，所以从实验中很难判断格点是否存在。但从概念上讲，是把空间看作一个离散的格点还是连续介质是有很大区别的。威尔逊通过在格点上画出电场线，向我们展示了一种非常简单的描述 QCD 的色电场的方法。他没有试图证明真空就像超导体，而是简单地假设场线是可以在格点中移动的离散实体。他还写下了一些简单的规则来描述它们如何移动和相互作用。

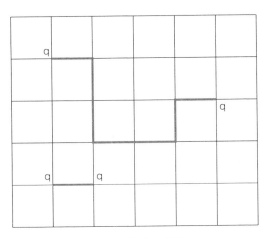

图 9-4　格点示意图

夸克和弦是由肯尼思·威尔逊提出的。空间被想象成由边缘连接在一起的节点构成的格点。夸克只能存在于格点的节点上。弦，或者说是场通量的量子化管，用来连接夸克，但它只能存在于格点的边上。假定节点之间的距离是有限的，但比质子小得多。为了简单起见，这里显示的格点只画在二维空间中。

　　然后，肯尼思·威尔逊以完全相反的方向与所有之前研究过这些问题的人进行了辩论。他指出，如果有一种类似于普通电的电荷，那么它的电场线会倾向于以这样一种方式组合在一起，即当电场线变得很长时，它们就会像普通电场线一样失去离散性。威尔逊以他的理论为基础得出了这个世界的一般性经验，而非相反。但是像夸克这样有三种电荷时，不管它们有多大，电场线都会保持离散，而且夸克之间有一个恒定的力。威尔逊理论的规则非常简单，甚至是孩子都能理解。

　　从那以后，威尔逊圈（Wilson's loops）成为我理论物理学研究的一大主题。我不记得后来研讨会上发生了什么，但这个演讲仍然历历在目，以至于多年后我头脑中逐渐形成一个简单的论点：如果在假设空间是离散的而不是连续的前提下描述物理学要简单得多，那么这个事实本身难道不是空间是离散的有力论据吗？如果是这样的话，那么在很小的尺度上，空间是不是真的就像威尔逊的格点？

　　第二年秋天，我开始读研究生，之后有一天我发现理论家群体中发生了一阵骚动。那天下午，俄罗斯裔理论家亚历山大·波利亚科夫（Alexander Polyakov）来访并准备发表演讲。在我印象中，他散发着令人放松的温暖和亲近感，但背后隐藏着无限的信心。

　　他一开始就告诉我们，他一生都在追求一种愚蠢而不切实际的愿景，希望找到一种重新表达 QCD 的形式，使其得到准确的解释。他的想法是将 QCD 完全重新定义为一种线和色电通量圈的动力学理论。这实际上和威尔逊圈是一样的，而且波利亚科夫已经独立地在离散格点上创造了 QCD 的图像。但在这次研讨会上，他没用格点来做解释，而是尝试从理论中引申出一个描述，在这个描述中，量子化的电通量圈是基本实体。物理学家在没有格点的情况下工作就像一个没有网的空中飞人艺术家在表演，任何一个错误的举动都会带来致命的后果，并且永远都是这样。只不过在物理学中，死亡是由无数荒谬的数学表达式代替的。如前所述，所有基于连续空间和时间的量子理论中都会出现这种表达式。在研讨会上，波利亚科夫指出，尽管如此，人们仍然可以赋予电通量圈以物理意义。如果他没能完全成功地解出所得的方程，那么他的研讨会就只是对二象性假说（弦和电场线同样根本）的一种信心的表达。

　　对偶性仍然是基本粒子物理和弦理论研究的主要驱动力。对偶性是一种非常简单的观点，即从弦的角度和场的角度来看待同一事物。但是到目前为止，还没有人能够证明对偶性在普通 QCD 中是适用的，不过它已被证明在非常特殊的简化假设理论中是有效的。这些理论要么把空间的维数从 3 降为 1，要么额外增加了大量的对称，使理论非常易于理解。即使对偶性还没有解决最原始的问题，它也已经成为量子引力的核心概念。这是个非常典型的事例，它告诉我们优秀的科学思想是如何从其源头传播出去的，威尔逊和波利亚科夫也许根本不曾想过他们的思想会被应用于量子引力理论。

许多优秀的思想都是如此，需要多次尝试才能成功。基于我从威尔逊和波利亚科夫那里听到的东西，以及研究生第一年从杰拉德·特·胡夫特、迈克尔·佩斯金（Michael Peskin）和斯蒂芬·申克（Stephen Shenker）那里得到的关于格点理论的启发，我开始用威尔逊的格点理论构建量子引力。利用从他们那里借鉴来的一些想法，我花了一年左右的时间学习波利亚科夫、威尔逊和其他人开发的各种技术，并把这些技术应用到我的量子引力研究中，由此构建出一个理论。当时我写了一篇长论文，发出去后焦急地等待着回应。但像平常一样，唯一的回应就是一堆远方来的复印文章的请求。曾几何时，我们还在用 IBM 电动打字机打论文，在地下室请专业人员画插图，然后把各自的副本塞进信封，邮寄出去。如今，我们已经能够在笔记本电脑上写论文，然后把它们上传到电子档案中，在互联网上可以立即下载和查看这些文件。现在的学生可能都没见过 IBM 电动打字机或需要预印的明信片，许多人甚至从来没有去图书馆在杂志上读过一篇论文。

几个月后，我意识到那篇论文的观点基本上是错的，但那是一次勇敢的尝试，只是存在致命的缺陷。尽管如此，我还是因此收到了一些会议邀请。当受邀在斯蒂芬·霍金组织的一个会议上做演讲时，我曾借机解释了为什么建立一个格点引力理论并不明智，但我也认为霍金并不赞同。有些人似乎很喜欢这个主意，但我不知道我还能做什么，因为我觉得它并没有那么好，我也有责任解释原因。

在另一次会议上，我在一个叫阿肖克·达斯（Ashok Das）的人的邮箱里留了一份论文副本，他曾告诉我他有兴趣做类似的研究。量子引力研究之父布赖斯·德威特（Bryce DeWitt）恰好也在同一个邮箱里收取他的信件，并以为我的论文是给他的。他肯定看到了我这篇论文的所有缺点，但还是好心地邀请我作为博士后加入他的团队，因此我的事业要归功于布赖斯的错误。当时他告诉我，从事量子引力的研究是自毁前程，因为这很难找到工作。

我那篇论文的错误之处在于，认为威尔逊的格点是一个绝对的、固定的结构，与爱因斯坦的引力理论的关系本质相冲突。所以我的理论不包含引力，与相对论毫无关系。但是要解决这个问题，格点本身就必须成为一个动态结构，可以随时间变化。我从这次失败的尝试中得到的教训是，一个人不可能从在固定背景下运动的物体的角度建立一个成功的量子引力理论。

也是在那段时间，我遇到了朱利安·巴伯（Julian Barbour），一位住在牛津附近一个小村庄的物理学家和哲学家。朱利安在获得博士学位后离开了学术界，以便能够自由地思考空间和时间的本质。他通过将俄语的科学期刊文章翻译成英语来维持生计。远离通常的学术生活压力后，他利用自己比较强的语言技能，广泛阅读并深入研究了人类理解时间和空间的历史，明白了空间和时间相互联系这一观点的重要性，然后他将这一智慧结晶应用到了现代物理学中。我相信他是深入理解这个观点在爱因斯坦相对论的数学结构中所起的重大作用的第一人。在一系列论文中，他先是独自一人，然后与意大利朋友布鲁诺·贝尔托蒂（Bruno Bertotti）一起，展示了如何用数学方法阐述一个理论，在这个理论中，空间和时间只不过是关系的某个方面。如果莱布尼茨或其他任何人在 20 世纪之前这样做，就会改变科学的进程。

　　还好，广义相对论已经存在了，但奇怪的是它却被广泛地误解了，甚至被许多专门研究它的物理学家误解了。广义相对论通常被认为是制造时空几何学的机器，因此大众对待广义相对论的方式就像牛顿对待他的绝对时空一样，认为时空是固定的和绝对的实体，物体在其中运动。接下来要回答的问题是，在这些绝对的时空中，哪一个描述了宇宙？这和牛顿的绝对时空的唯一区别在于，牛顿的理论对时空没有选择，而广义相对论提供了可选的时空。这个理论在一些教科书中就是这样表述的，甚至有些本该对此很清楚的哲学家，似乎也是这样理解的。朱利安·巴伯所做的重要贡献就是向大家证明这完全不是理解该理论的正确方法。相反，这个理论必须被理解为一种对关系网络的动态演化的描述。

　　朱利安当然不是唯一一个以这种方式看待广义相对论的人，约翰·施塔赫尔（John Stachel）也这么认为，他还通过自己负责的项目工作，收集爱因斯坦的论文并出版。朱利安开始研究广义相对论时有着其他人没有的工具，即一个描绘了空间和时间只不过是动态演化的关系的数学公式。之后，朱利安解释了爱因斯坦的广义相对论为何被理解为动态演化的网络。这个论证揭示了广义相对论中描述空间和时间的关系本质。

从那以后，大多数从事相对论工作的人都知道了朱利安·巴伯。最近，由于他关于时间本质的激进理论的发表，他变得更加广为人知并且受人赞赏。但在 20 世纪 80 年代初，几乎没有人知道他的工作，我却很幸运地在意识到格点引力理论陷入困境后不久见到了他。在那次会面中，他向我解释了广义相对论中空间和时间的意义，以及关系概念在其中的作用。这让我从概念上理解了为什么我的计算显示引力在我构建的理论中无处可寻。因此，我需要做的就是发明一种类似威尔逊格点的理论，这种理论中，格点应该是不固定的，所有的结构都应该是动态的和相关的。由边连接的一组点，也可以理解成一个图，是由关系定义的系统的一个很好的例子。我曾做错的是把理论建立在一个固定的图上。实际上，理论应该生成图，而不是反映任何预先存在的几何或结构。它应该按照威尔逊在他的格点上的圈运动中给出的那样简单的规则演化。过了 10 年，这一方法才初现雏形。

在那 10 年里，我花了大量时间尝试应用粒子物理学的各种技术来解决这个问题，但都以失败告终。这些技术都是依赖于背景的，因为它们都建立在经典的时空几何之上，并研究量子化的引力波，即引力子如何在背景上运动和相互作用。我们还尝试了很多不同的方法，但都失败了。除此之外，我还写了几篇关于超引力的论文。超引力是由我的一位顾问斯坦利·德塞和其他一些人发明的一种新的引力理论。此后，我写了几篇关于黑洞熵含义的论文，对其与量子力学基础问题的联系做了各种各样的推测。现在看着这些论文，我觉得这是自己这些年做的唯一有趣的事情，但我不知道有多少人读过它们。当然，将量子黑洞的思想应用到量子理论的基本问题上，年轻人对此并不感兴趣，且其本身也没有什么市场。

回首过去，我对自己为什么还能继续这一事业感到困惑。有一个原因是肯定的，当时从事量子引力研究的人很少，所以几乎没有竞争。虽然我并没有取得任何进展，但人们至少对我的那部分工作感兴趣，即尝试在量子引力学中应用从粒子物理中学到的技术，但是我不得不说，这些做法都不够明智。其他人也没有走得太远，所以这对于那些喜欢尝试新事物而不愿追随长者研究项目的人，或者那些喜欢从一个领域获取创意并将其应用到另一个领域的人来说，还有很大研究空间。但是，我非常怀疑我是否能在当今这个竞争激烈得多的环境中找到工作，因为在这个环境中，话语权通常掌握在权威专家的手中，他们确信自己在用正确的方法研究量子引力。这让他们——或许我应该说"我们"，因为我现在也是雇用博士后的人之一，觉得有理由利用年轻研究员对我们自己的研究项目表现出的热情来衡量他们的能力。

对我，对很多在这个领域工作的人来说，转折点发生在弦理论作为一种可能的量子引力理论复兴之时。下一章会讲到弦理论。现在我只能说，在经历了研究量子引力的一系列错误方法的尝试和失败后，我和其他许多物理学家对弦理论相当乐观。与此同时，我也完全相信，如果一个理论建立在固定的背景时空中运动的物体上，那它就不可能成功。无论弦理论在解决某些问题上多么成功，它仍然是一种类似的理论。它与传统理论的区别仅仅在于，背景中运动的物体是弦而不是粒子或场。所以对我和其他一些人来说，很明显弦理论可能是向量子引力理论迈出的重要一步，但它不可能是完整的理论。但无论如何，弦理论都改变了我的研究方向。因此，我开始尝试寻找一种方法来构建一种背景独立的理论，这种理论可以简化为弦理论，也就是在时空被视为固定背景的情况下有用的近似理论。

为了寻找这项研究的灵感，我回想起了波利亚科夫那场让时为研究生的我十分兴奋的研讨会。我想知道我是否可以使用他的方法，尝试以色电通量的圈为基本对象来描述 QCD。我需要一个合我胃口的理论，其中没有格点存在，恰巧他的工作中也没有格点。我和路易斯·克兰按照这个思路合作了一年。当时我是芝加哥大学的博士后，路易斯·克兰是研究生。他比我年长，但实际上他是一个神童，也许还是芝加哥大学在他们十几岁时录取的一系列杰出的科学家和学者中的最后一个。他曾因领导一次反对入侵柬埔寨的罢工而不幸被开除，并且花了十年的时间才重新回到研究生院。从那以后，路易斯成了为数不多的数学家之一，这些数学家对量子引力理论的发展做出了重大的创造性贡献。他的一些贡献对这一领域的发展绝对具有开创性。当时我很幸运能成为他的朋友，现在也一样。

路易斯和我做了两个项目。在第一个项目中，我们试图阐述一个基于量子化电通量圈的相互作用动力学的引力理论。但我们没能建立一个弦理论，所以也没有就此发表任何论文，但毫无疑问，这些工作没有白做，其对后续研究产生了很大影响。在第二个项目中，我们尝试展现，一个时空在小尺度上离散的理论可以解决很多量子引力的问题。为了做到这一点，我们仔细研究了时空结构就像普朗克尺度上的分形一样的假设的含义。这种假设消除了不确定性，使理论成为有限，从而克服了量子引力的许多困难。我们在工作中意识到，制造这种分形时空的一种方法就是在一个相互作用的圈网络中构建它。与路易斯·克兰的两次合作都让我相信，我们应该尝试构建一个基于演化的圈网络之间关系的时空理论。问题是，我们应该怎么做？

这就是当时的情形，当一个彻底颠覆我们对爱因斯坦广义相对论的理解的发现呈现在我们面前时的情形。

10
圈量子引力 2：
节点、连接和扭量

在我与路易斯共事的那一年，一位名叫阿米塔巴·森（Amitaba Sen）的年轻博士后发表了两篇论文，让许多人感到兴奋和困惑。因为阿米塔巴·森正在尝试从超引力中创造一个量子理论，所以我们带着极大的兴趣阅读了他的两篇论文。论文中嵌入了几个引人注目的方程，其中爱因斯坦的引力理论被一套比爱因斯坦用过的更简单、更漂亮的方程表达了出来。我们几个人花了很多时间讨论，如果找到一种方法将量子引力建立在这些简单得多的方程上，将会怎样。但那会儿我们什么都没做。

唯一认真对待阿米塔巴·森的方程的人是阿布海·阿希提卡。他是经典相对论的支持者，在职业生涯早期，在这方面做过重要贡献，但后来他把研究重心偏向了量子引力理论。阿布海倾向于数学方法，他发现阿米塔巴·森的方程包含了爱因斯坦广义相对论重新表述的核心，在此基础上，一年后他真的建立了广义相对论的新表述。两个影响由此产生：它极大地简化了这个理论中的数学，并且用数学语言进行了表述，而这种数学语言与QCD中用过的语言非常接近。这正是将量子引力转化为一门真正的学科所需要的。在这门学科中，量子引力在时间上可以进行计算，从而在普朗克尺度上对空间和时间结构做出明确的预测。

在我刚刚成为耶鲁大学的助理教授时，我曾邀请阿布海在耶鲁大学做了一个演讲。那天来听演讲的学生中有一位来自哈佛的研究生，名叫保罗·伦特恩（Paul Renteln），他刚好也在研究阿米塔巴·森的论文。我们很清楚，阿布海的方程是进一步研究的关键。演讲之后，我载阿布海去哈特福德（Hartford）机场。在纽黑文（New Haven）和哈特福德之间一个小时的车程中，我的车有两个轮胎都漏气，不过阿布海仍然赶上了他的航班。但是最后一小段路，他不得不搭便车，而我则在路边等待救援。

那天一回到家，我就立刻坐了下来，开始应用阿米塔巴·森和阿布海的新形式体系，也就是我和路易斯在重新构建弦理论的失败尝试中发展出来的方法。几周后，在圣巴巴拉的理论物理研究所开始了为期一个学期的量子引力研讨会。我又非常幸运，就在耶鲁大学刚刚聘用我之后，我说服了学校领导让我在那里待上一个学期。我一到那里就找来了两个朋友，特德·雅各布森和保罗·伦特恩一起做事。我们很快就发现，如果用一些非常像电超导体的图景来表示引力场的通量线，就能描绘出一个非常简单的空间量子结构的图像。起初我和保罗一起工作，为了避免连续空间的无穷性，我们借鉴了威尔逊的格点。然后，我们发现爱因斯坦方程的新形式暗示了关于圈如何在格点上相互作用的非常简单的规则。但是我们遇到了和 10 年前一样的问题：如何消除由于使用一个固定格点而强加的背景。

特德·雅各布森建议我们试着跟随波利亚科夫的思路继续研究，并尝试在没有格点的情况下开展工作。我已经在第3 章描述了这个结果。第二天，我们站在黑板前，盯着一个从来没有想过、也没有人想过要去寻找的东西，那就是量子引力理论完整方程的精确解。

我们所做的就是把建立量子理论的常用方法应用到阿米塔巴·森和阿希提卡发现的广义相对论方程的简单形式

上去。这些方法引领我们提出了量子引力理论的方程式。这些方程最初是在 20 世纪 60 年代由布赖斯·德威特和约翰·惠勒写下的，但我们发现了一些更简单的新形式。我们必须代入这些方程来描述空间和时间几何的可能量子态。当时由于一时冲动，我尝试了路易斯和我一起研究出来的东西，也就是直接采用波利亚科夫表达式来建立这些态，描述电场的量子化圈。我们发现，只要圈不相交，它们就满足方程（如图 10-1 所示）。

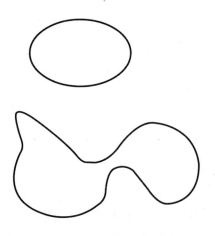

图 10-1　空间几何的量子态

在圈量子引力理论中空间几何的量子态用圈来表示。只要圈之间没有交叉点或扭结，这些量子态就是量子引力方程的精确解。

　　我们花了几天的时间找到了更多的解。并且发现，即使圈相交，只要遵守某些简单的规则，我们仍然可以将它们结合起来，做出解。事实上，我们可以写出无穷多个这种态，并且所要做的就是画出圈，并在它们交叉的时候应用一些简单的规则。

　　我们和其他人花了很多年的时间才弄明白我们在那几天里所发现的东西的真正含义。但其实在一开始，我们就知道自己掌握了一个量子引力理论，这个理论开创性地给出了一个关于普朗克尺度物理学的精确描述，其中空间只不过由一组离散的基本对象之间的关系组成。这些对象仍然是威尔逊和波利亚科夫的圈，但它们不再存在于格点，甚至是空间里。相反，它们的相互关系定义了空间。

　　完成这个理论还差一步。我们必须证明我们的解是独立于背景空间的。这需要证明它们附加解决了微分同胚约束，并且表达了理论与背景的独立性。矛盾的是，我们很容易地解出了这些方程，即惠勒－德威特方程，而事实上，这些方程应该很难解才对。一开始我很乐观，但事实证明，要创造出能同时满足这两组方程的量子态是不可能的。解决一个问题很容易，但两全其美就比较难了。

　　第二年回到耶鲁大学，我们和路易斯·克兰一起花了很多时间来解决这个问题，但还是无果而终，因此我们确信这是不可能的。这件事令人非常沮丧，因为显而易见，如果想要摆脱背景依赖，就会得到一个只有圈和圈的拓扑关系的理论。圈在空间中的位置无关紧要，因为空间中的点没有内在的意义。重要的是圈如何相交，此外，它们如何打结和连接也很重要。

　　有一天，当我坐在圣巴巴拉的家的花园里时，我意识到了这一点。量子引力可以被简化为一种圈相交、打结和连接的理论。这样就可以得到一个普朗克尺度上的量子几何的描述。从我与保罗和特德的研究中，我也知道，我们所发现的爱因斯坦方程的量子版本可以改变圈相互连接和打结的方式，因此圈之间的关系可以动态变化。尽管我曾考虑过交叉的圈，但我从未想过圈是如何打结或连接的。

　　我进去给路易斯·克兰打了电话，问他数学家们是否知道圈如何打结和连接。他说，是的，有一个领域专门研究这个问题，叫作扭结理论。他还提醒我，我曾在芝加哥与扭结理论的一位重要思想家路易斯·考夫曼（Louis Kauffman）共进过几次晚餐。所以，最后一步是摆脱理论对圈在空间中的位置的依赖。这样，我们的理论就简化为对节点、连接和扭结的研究，美国主要的相对论学家之一詹姆斯·哈特尔（James Hartle）在不久之后就开始这样称呼它。但这并不容易，我们在一年多的时间里都没能迈出这一步。我们和路易斯，以及其他人一起努力，但还是没能做到。

在圣巴巴拉研讨会的最后一个会议上，我们首次提出了自己的新成果。在那里，我遇到了一位年轻的意大利科学家卡洛·罗韦利，他刚刚获得了博士学位。那时，我们没有聊很多，但不久之后，他就写信来询问是否可以来耶鲁大学参观我们的实验室。那年 10 月，他来到了路易斯的公寓，住进了其中一个房间。他到的第一天，我就告诉他，我们无事可做，因为我们的工作完全陷入了困境。这项工作看起来很有前景，但路易斯和我已经发现最后一步毫无希望。我对卡洛说，欢迎他留下来，但考虑到工作的前景惨淡，他可能更愿意回到意大利去。那段时间确实很尴尬。然后，我想找点事谈，就问他是否喜欢航海。他说自己是一个狂热的水手，所以我们放下了一整天的科学研究，直接去了港口。耶鲁大学帆船队在那里留有船只，我们登上其中一艘帆船。整个下午，我们都在船上谈论我们交过的女朋友们。

第二天我没有见到卡洛。第三天，他出现在我的办公室门口，说："我找到了所有问题的答案。"他的想法是对这个理论再做一次重新表述，这样基本的变量就变成了圈。问题是到那时为止，几乎所有的理论不仅都依赖于圈，还依赖于圈周围的场。卡洛发现，正是由于对场的依赖，才使研究无法进行下去。他还找出了如何摆脱这种依赖的方法，就是他的导师、帝国理工学院的克里斯托弗·艾沙姆发现的一种方法。并且，卡洛已经发现，只要把这种方法应用到圈中，就能得到我们需要的东西。我们只用了一天的时间就给出了完整的描绘。最后，我们构建出了一个理论，一种纯粹的圈理论，波利亚科夫曾把它称为伟大的梦想，它用方程简单地描述了真实世界的一个方面，并且这些方程可以精确地解出来。当用它来构建爱因斯坦的引力理论的量子版本时，这个理论仅仅依赖圈之间的关系，即它们如何相交、连接和打结。在几天之内，我们就证明了所有的量子引力方程都可以构造无限多的解，就像有一种方法可以解决所有可能的打结方式。

几周后，我们去了锡拉丘兹大学（Syracuse University），阿希提卡和阿米塔巴·森就是在那里的研究中心有了新发现，卡洛举办了关于量子引力新理论的第一次研讨会。在去机场的路上，我们被一个开着豪华轿车的家伙追尾了。人没有受伤，我的旧道奇飞镖的后保险杠也几乎没有刮伤，但那个撞我们的家伙的玛莎拉蒂却被撞坏了。尽管如此，我们还是赶上了飞机。第二天卡洛发高烧，但他依然把研讨会挺了过去。研讨会的最后，是长时间的、感激的沉默。阿希提卡说这是他第一次看到可能是量子引力理论的东西。几周后的伦敦，在去印度参加会议的途中，我在克里斯托弗·艾沙姆面前举办了关于新理论的第二次研讨会。

在印度，当我把会议组织者介绍给卡洛时，两种古老的文化相遇了。卡洛冲动地跳上飞机就来了，事实上他并没有收到邀请。那位尊贵的绅士看了看他的长发、凉鞋和衣服（这是他一个人在孟买的后街闲逛了两天淘到的），气急败坏地嚷道：“卡洛先生，你没有收到我的信说会议结束了吗？”卡洛微笑着回答说：“没有，但你没有收到我的吗？”然后他被安排住在酒店里最好的房间，返回罗马时，被安排坐在印度航空航班上的头等舱。

这便是圈量子引力理论的诞生。我们花了好几年的时间，先是与卡洛合作，后来加入了一个由朋友和同事组成的不断壮大的群体，阐明了我们发现的量子引力方程的解的意义。一个明确的研究结果是，我们发现量子几何是离散的。我们所做的一切研究都是以离散的力线为基础的，就像在超导体的磁场中一样。如果把它转换成引力场的圈图，这就意味着任何表面的面积都是以基础单位的离散倍数表示的。最小的单位是普朗克面积，即普朗克长度的平方。这意味着所有的表面都是离散的，每个表面都有有限的面积，体积也是如此。

为了得到这些结果，我们必须找到一种方法来消除困扰场的量子理论的所有表达式的无穷性。我的直觉源自过去与朱利安·巴伯的谈话，以及与路易斯·克兰的合作，我认为这个理论不应该有无穷性。许多物理学家也推测无穷性是基于普朗克尺度的关于空间和时间结构的一些错误假设。从较早的研究工作中，我清楚地看到错误的假设是指假定时空的几何结构是固定的、非动态的。在计算几何尺寸（如面积和体积）时，我们必须用正确的方式消除固定结构的任何可能的影响。做到这一点的方式太过技术性，在这里无法解释。但最终事实证明，只要提出的是一个有意义的问题，就不会有无穷性。

根据我的经验，一位科学家只会有几个好想法。好的想法很少而且会间隔很久，需要经过多年的准备。更糟糕的是，一旦有了好想法，就注定要经过多年的艰苦努力去研究它。当我在一个汽车修理厂的嘈杂房间里坐了一个小时，等着我的车修好的时候，我试图计算一些量子几何的体积，并突然想到面积和体积可能是离散的。我的笔记本上满是杂乱的积分，但突然间我看到了一个计算公式。我在假设结果是实数的基础上开始计算一个量，但发现在某些单位中，所有可能的答案都是整数。这意味着面积和体积不能取任何值，而是以固定单位的倍数出现。这些单位对应着最小的面积和体积。我把这些计算结果拿给卡洛看，几个月后，我们在意大利东北部山区的特伦托大学一起工作时，卡洛提出了一个论点，即面积的基本单位不能近似为零。这就意味着如果我们的理论是正确的，则无法避免这样的结论：空间有一个原子结构。

我之所以清楚地记得我们在特伦托的工作，还有另一个原因。前一年，一个名为贝恩德·布鲁格曼（Bernd Bruegmann）的学生带着非常不安的表情来到我的办公室。他的论文的主题是把量子引力的新方法应用到格点上的 QCD，看看质子和中子的性质是否会出现。在这样做的同时，他还做了优秀科学家应该做而我们没有做的事情，那就是彻底查阅文献。然后，他发现了一篇方法与我们非常相似的论文，已经被我们从未听说过的两个人——鲁道夫·甘比尼（Rodolf Gambini）和安东尼·特里亚斯（Anthony Trias），应用于 QCD，他们在蒙得维的亚（Montevideo）和巴塞罗那（Barcelona）工作。

　　科学家也是人，我们都需要觉得自己的工作很重要。对科学家来说，几乎最糟糕的事情莫过于发现有人在你之前就有跟你同样的发现。唯一更糟糕的是，有人发表了你在此前已经发表了的发现，却没有给你足够的承认。我们发现的方法的确是用来处理圈量子引力领域而不是 QCD 领域的问题的，但是我们也无法回避，其很接近鲁道夫·甘比尼和安东尼·特里亚斯应用于 QCD 的方法，并且他们的应用早于我们很多年。尽管他们已经在主要期刊《物理评论》（*Physical Review*）上发表了文章，但不知何故，我们并未看到。

　　我们怀着沉重的心情做了唯一能做的事，那就是坐下来给他们写一封道歉信。直到有一天下午在特伦托，卡洛接到一个巴塞罗那打来的电话时，我们才听到他们的消息。他们终于收到了我们的信。他们知道我们在特伦托，问我们明天是否还在。晚上，他们驾车穿越了意大利北部和法国，找到了我们。我们一起度过了美好的一天，向彼此展示各自的工作，谢天谢地，我们的研究是互补的。他们把这个方法应用于 QCD，而我们把它应用于量子引力。安东尼·特里亚斯说了很多话，而鲁道夫·甘比尼则坐在房间后面，一开始几乎什么也没说。但我们很快发现，鲁道夫是一流的创造性科学家。在接下来的几个月里，他迅速发明了一种新的方法，可以在圈量子引力理论中进行计算。

　　此后，鲁道夫一直是量子引力领域的领军人物之一，经常与宾夕法尼亚州立大学的乔治·普林（Jorge Pullin）以及他自己在蒙得维的亚培养的一个优秀的年轻团队一起工作，他们发现了更多量子引力方程的解，并解决了一些重要的问题。

　　必须指出的是，尽管鲁道夫·甘比尼性情安静，但在国家被军事独裁彻底摧毁后，他或多或少地独自肩负着委内瑞拉和乌拉圭的物理学的复兴重任。当我第一次访问蒙得维的亚时，我意识到了这意味着什么。那是隆冬时节，我们和鲁道夫·甘比尼以及他的小组在一个破旧的修道院里做物理研究，没有暖气，也没有电脑，我们只能靠不断地喝在煤气灯上烧着的茶来取暖。现在，乌拉圭大学的科学系都建在现代化的建筑和设施中，这些建筑和设施都是用鲁道夫在业余时间筹集的资金建造的，同时他不断地有新的想法，进行新的计算。

　　圈量子引力理论带来的最美丽的结果之一是发现圈的态可以出现在非常美丽的图景中，即自旋网络。自旋网络实际上是 30 年前由罗杰·彭罗斯（Roger Penrose）发明的。

彭罗斯也受到空间必须是纯粹关系的观点的启发。但他能够直接进入问题的核心，而不是像我们一样试图从一些现有的理论中推导出关系空间图。他更有勇气，寻求可能是量子几何理论基础的最简单的关系结构。他想出的便是自旋网络。自旋网络只是一个图（如图 10-2、10-3、10-4 和 10-5 所示），其边缘由整数标记。这些整数来自量子理论中粒子的角动量允许的值，它等于一个整数乘以普朗克常数的一半。

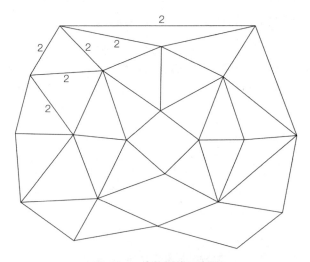

图 10-2　自旋网络示意图

由罗杰·彭罗斯发明的自旋网络也代表了空间几何的量子状态。
它由一个图形和边线上的整数组成。这里只显示了少部分数字。

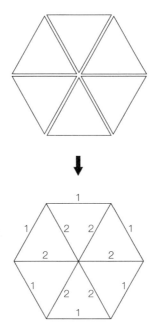

图 10-3　对圈进行组合而形成的自旋网络

我早就知道彭罗斯的自旋网络应该纳入圈量子引力理论,但我一直避免工作中掺杂自旋网络。当彭罗斯在他的演讲中描述自旋网络时,它们总是看起来很复杂,仿佛只有彭罗斯才能在自旋网络中进行计算而不出错。要用彭罗斯的方法计算,你必须把一长串数字加起来,每一个都是 +1、0 或 -1。如果你忽视了一个符号,你就死定了。不过,在

1994 年访问剑桥大学期间，我遇到了彭罗斯，并向他请教如何计算他的自旋网络。我们有幸一起做了一个计算，并且我认为自己也掌握了窍门。这足以让我相信自旋网络可以计算出量子几何的各个方面，比如最小的体积。然后我向卡洛展示了我所学到的东西，我们用那个夏天剩下的时间把我们的理论翻译成了彭罗斯的自旋网络的语言。

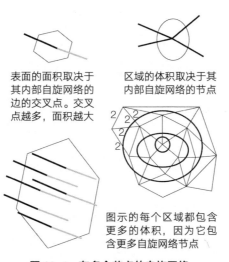

表面的面积取决于其内部自旋网络的边的交叉点。交叉点越多，面积越大

区域的体积取决于其内部自旋网络的节点

图示的每个区域都包含更多的体积，因为它包含更多自旋网络节点

图 10-4　有多个节点的自旋网络

圈量子引力理论预测的空间的量子化。自旋网络的边缘携带着离散的面积单位。表面的面积来自其自旋网络的边的交叉点。最小的面积来自一个交叉点，大约是 10^{-66} 平方厘米。自旋网络的节点携带离散的体积单位。最小的体积来自一个节点，大约是 10^{-99} 立方厘米。

在做这项工作的时候，我们发现每个自旋网络都为空间几何提供了一个可能的量子态。其中，自旋网络每条边上的整数都对应于这条边所承载的面积单位。并且，自旋网络的线承载的是面积单位，而非一定数量的电或者磁通量。自旋网络的节点也有一个简单的含义，即对应量化的体积单位。如果用普朗克单位来衡量，一个简单自旋网络中包含的体积基本上等于网络的节点数。为了弄清楚这幅图，我们花费了很多心血。彭罗斯的方法是无价的，但正如我所预料的那样，使用起来并不容易。在此过程中，我们对理查德·费曼曾经说过的一句话深有感触：一位优秀的科学家会努力工作，并且不惜犯任何可能的错误来找到正确的答案。

我在科学领域最糟糕的时刻可能是在华沙的一次会议上，有一位名叫雷娜塔·罗尔（Renate Roll）的年轻物理学家上台发言，她在伦敦的时候也曾是克里斯托弗·艾沙姆的学生，她在发言的最后指出我们在最小体积方面的计算是错误的。经过一番争论，事实证明她是对的，后来我们发现计算的错误最终来源于一个符号的错误。但幸运的是，我们的基本框架和结果都是站得住脚的，并得到了数学物理学家的证实，他们用严格的数学定理支持了我们所发现的结果。数学物理学家的工作表明，量子几何的自旋网络图不只是一些

人想象的产物，而是直接结合量子理论和相对论的基本原理
而来。

圈量子引力的方法现在是一个蓬勃发展的研究领域。许
多较早的想法也已经被纳入其中，如超引力和量子黑洞的研
究。人们发现了量子引力的其他方法之间的联系，比如阿
兰·孔涅的非交换几何方法、罗杰·彭罗斯的扭量理论和弦
理论。

我们从这次经历中体会到，当具有不同教育背景的人们
跨越国界联合起来的时候，科学进步的速度会有多快。理
论物理学家和数学物理学家之间的关系并不总是融洽的。
这就像第一次探索边疆的侦察兵和紧随其后的农民之间的
关系，前者用篱笆把土地围起来，而后者则使土地肥沃起
来。数学家们就像农民一样，需要把所有东西都固定下来，
并确定一个想法或结果的确切界限，而物理学家就像侦察
兵，其想法往往有些疯狂和野性。每个人都倾向于认为自己
做了工作的重要部分。不过，我们和弦理论学家都知道的
一点是，尽管他们的工作和思维方式不同，但数学家和物
理学家学会相互交流和合作是很重要的。与广义相对论的
境遇相同，量子引力既需要新的数学知识，也需要新的概
念、思想和计算方法。如果我们取得了真正的进展，那是因

为人们的共同努力可以创造出任何人都不可能独自想出的东西。

最后，圈量子引力给出的空间绘景最令人满意的地方是其完全相关性。自旋网络并不存在于空间中，相反，是它们的结构生成空间。实际上，自旋网络只不过是一种关系结构，该结构由节点上的边缘如何联系在一起决定。同样被编码的还有关于这些边如何扭结和连接的规则。同样令人满意的是，经典几何和量子几何之间有着完全的对应关系。在经典几何中，区域的体积和表面的面积取决于引力场的值。它们被编码在一些复杂的数学函数集合中，统称为度规张量（metric tensor）。而在量子几何中，几何图形由自旋网络的选择编码而成。这些自旋网络与经典描述相对应，在任何经典几何中，你都可以找到一个自旋网络描述相同的几何（如图 10-5 所示）。

在经典的广义相对论中，空间的几何形状随时间而演化。例如，当引力波经过一个表面时，这个表面的面积会随时间而振荡。实际上这里也有一种等效的量子图，其中自旋网络的结构可能随着引力波的通过而随时间演化。图 10-6 显示了自旋网络随时间演化的一些简单步骤。

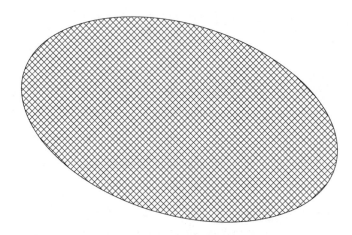

图 10-5　代表量子几何的大规模自旋网络

一个非常大的自旋网络可以代表一个量子几何，它从比普朗克
长度大得多的尺度上看起来是平滑和连续的。因此我们说经典
的空间几何是由一个非常大且复杂的自旋网络编织而成的。在
自旋网络图中，空间只不过看起来是连续的，但实际上是由构
成自旋网络的节点和边缘组成的。

　　如果让一个自旋网络演化，我们就会得到一个离散的时
空结构。这个离散时空的事件是图 10-6 中所示形式发生变
化的过程。实际上我们可以画出演化的自旋网络图，它们看
起来就像图 10-7 到 10-9。一个演化的自旋网络很像一个
时空，但它是离散的而不是连续的。

　　我们能知道事件之间的因果关系是什么，所以自旋网络

有光锥。但自旋网络还有更多的特性，因为我们可以通过自旋网络画出对应于时间矩的切片。

就像相对论一样，有许多不同的方法来切割一个演化的自旋网络，以便将其看作随着时间演化的一系列态。因此，圈量子引力理论给出的时空绘景与相对论的基本原理一致，即空间没有事物，只有过程。

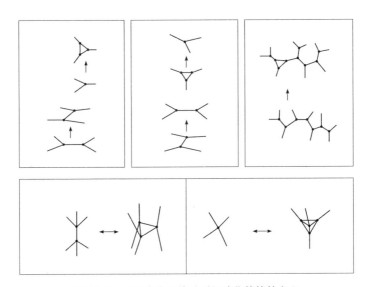

图 10-6　一个自旋网络随时间演化的简单步骤

每一个都是空间几何的量子跃迁，这是爱因斯坦方程的量子理论类比。

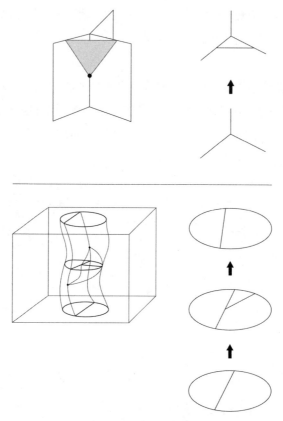

图 10-7 两张量子空间的照片

量子时空中的每一个事件都是空间量子几何中的一个简单变化，对应图 10-6 所示的一个移动。根据圈量子引力理论，如果我们以 10^{-43} 秒的时间尺度和 10^{-33} 厘米的长度尺度来考察，这就是时空的样子。上图显示了一个基本的移动。下图显示了两个基本运动的合运动。

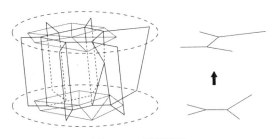

图 10-8　量子跃迁

这是自旋网络中量子跃迁的另一个基本步骤，以及它的时空绘景。

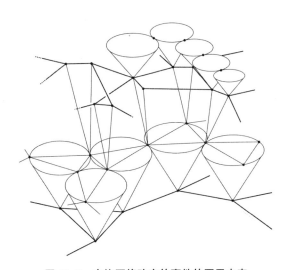

图 10-9　自旋网络改变的事件的因果未来

另一张量子时空的图片，展示了自旋网络改变的事件的因果未来，用第 4 章介绍的光锥绘制。

　　约翰·惠勒曾说过，在普朗克尺度上，时空不再是平滑的，而是类似于泡沫，也就是他所说的时空泡沫。在向惠勒致敬时，数学家约翰·贝兹（John Baez）建议将演化中的自旋网络称为自旋泡沫（spin foam）。自 20 世纪 90 年代中期以来，有关自旋泡沫的研究如雨后春笋般涌现。目前有几个不同的版本正在研究中，分别是迈克·赖森伯格（Mike Reisenberger）、路易斯·克兰和约翰·巴雷特（John Barrett），以及福蒂尼·马可波罗 - 卡拉马拉这几位科学家的研究成果。卡洛·罗韦利、约翰·贝兹、雷娜塔·罗尔和许多其他对圈量子引力做出贡献的人现在都在从事自旋泡沫的研究。所以这是目前非常活跃的一个研究领域。图 10-10 展示了一个以自旋泡沫理论为基础的，只有一个空间和一个时间维度的世界的计算机模拟。这是简·安布杨（Jan Ambjorn）、科斯塔斯·阿纳格诺斯托普洛斯（Kostas Anagnostopoulos）和雷娜塔·罗尔的作品。这些宇宙非常小，每条边对应一个普朗克长度。但它们并不总是平滑演化，相反，宇宙的大小不时地突然跳跃，这就是几何的量子涨落。多年后，我们才得到一个真正的时空几何量子理论。

　　这个理论是正确的吗？目前，我们还不知道。不过，旨在测试该理论对面积和体积的离散性以及对时空几何的其他度量所做出的预测的实验终将会验证它。但我想强调的是，尽管它直接遵循了广义相对论和量子理论的结合，圈量子引力并不需要是一个完整的论述才是正确的。特别是该理论的主要预测，如面积和体积的量子化，其正确与否并不取决于许多细节的正确性，而是基于量子理论和相对论中最一般的假设。这些预测并没有限制世界上还有什么，有多少维度，或者基本对称是什么。而且，这些预测完全符合弦理论的基本特征，包括额外维度和超对称的存在。我没有理由怀疑它们的真实性。

图 10-10　量子时空的计算机模型

模型展示了一个只有一个空间和一个时间维度的宇宙。所示的结构存在于 10^{-33} 厘米和 10^{-43} 秒的尺度上。我们看到，由于不确定性原理，量子几何涨落非常剧烈。与原子中电子的位置一样，对于这么小的宇宙，宇宙大小的量子涨落非常重要，因为这些量子和宇宙本身一样大。

当然，最终还是要靠实验来验证。但我们真的能指望在普朗克尺度上对空间结构进行实验验证吗？普朗克尺度可是比质子还要小 20 个数量级。直到不久之前，大多数人仍然怀疑能否在有生之年看到这样的实验。但现在我们知道自己太悲观了。富有想象力的年轻意大利物理学家吉乔瓦尼·阿米力诺－卡米利亚（Giovanni Amelino-Camelia）指出，他有一种方法可以检验"在普朗克尺度上空间几何是离散的"这一预测。在他的方法中，整个宇宙被他当作了一个工具。

当一个光子穿过一个离散的空间时，它会受到一些经典物理所预测的影响而偏离路径。这些偏差是由光子的相关波在被量子几何的离散节点散射时产生的干涉效应引起的。对于我们能探测到的光子，这些效应非常非常小。然而，在阿米力诺－卡米利亚之前，没有人想到光子在长距离传输时这些效应会累积，并且我们能够探测到穿过可观测宇宙大部分区域的光子。因此，他提出通过仔细研究卫星拍摄的非常剧烈的事件的图像，有可能用实验方法发现空间的离散结构，例如那些产生 x 射线和 γ 射线爆发的事件。

如果这些实验确实证明了空间在普朗克尺度上具有原子结构，那么这必将成为 21 世纪早期最令人兴奋的科学发现之一。通过研究这些新方法，我们可以看到空间离散结构的图像，就像我们现在能够研究原子阵列的图像一样。如果我在前两章中描述的工作是相关的，那么，我们将看到威尔逊和波利亚科夫的圈有序排列成彭罗斯的自旋网络。

11
弦理论

我认为，做科研最难的地方不在于技能和智力。因为技能是可以学习的，但是没有一个人能够聪明到能以一己的智力取得成功。所有人，包括最独立的人，都设法和他人一起完成工作，因为我们是由忠诚的、诚实的人组成的一个团体。当陷入困境时，大多数人都会从别人的工作中寻找出路。当感到迷茫的时候，我们可以看看别人在做什么。但即使如此，我们还是经常感到迷茫。有时候，甚至是一整个团队一起迷失了方向。因此，科学最难的地方在于面对尚不够完整的信息时做出正确选择的能力。这需要测试无法简单衡量的特质，比如直觉和自信。爱因斯坦深知这一点，因此他告诉约翰·惠勒：我无比钦佩牛顿坚持绝对时空观的勇气和判断力，即使他所有的同事都告诉他这是荒谬的。惠勒也深以为然。爱因斯坦比任何人都清楚这个观点很荒谬，但是绝对的空间和时间是当时科学取得进步所需要的。能够看到这一点，也许是牛顿最大的成就。

　　爱因斯坦本人经常被作为一个独立完成伟大事业的典范。大肆鼓吹这个典范的人可能只是想哗众取宠。许多人都听过这样一个故事：当第一次世界大战肆虐时，爱因斯坦一个人用大脑创造出广义相对论，作为一种纯粹的个人创造行为，他在对绝对的沉思中泰然自若。

　　这是一个精彩的故事，激励了我们几代人，让我们顶着一头乱蓬蓬的头发、赤着脚在普林斯顿大学和剑桥大学这样的圣地漫步，然后想象如果我们把思想集中在正确的问题上，就可能成为下一个伟大的科学偶像。但事实远非如此。最近，我和我的搭档很幸运地看到了爱因斯坦发明广义相对论时用的笔记本上的几页纸，当时一群在柏林工作的历史学家正准备出版这本笔记。作为也在搞研究的物理学家，我们马上就知道当时发生了什么：爱因斯坦当时很困惑，并且非常迷茫。当然，他依然是一位非常优秀的物理学家。虽然，他不是那种能直接感知真理的神秘圣人。在那个笔记本里，我们可以看到一位非常优秀的物理学家运用着同样的技巧和策略，也正是这种技巧和策略使理查德·费曼也成为一位伟大的物理学家。爱因斯坦知道当他迷茫时该怎么办：打开他的笔记本，试着做一些计算，也许能对问题有所启发。

所以，我们满怀期待地一页一页往后翻，但爱因斯坦仍然一无所获。那么作为一位伟大的物理学家他会怎么做呢？他找他的朋友聊天。突然一个名字潦草地写在某一页上："格罗斯曼（Grossmann）！！！"他的朋友似乎告诉了爱因斯坦一个叫作曲率张量的东西。这是爱因斯坦一直在寻找的数学结构，现在被认为是相对论的关键。

事实上，我很高兴看到爱因斯坦自己没能发现曲率张量。一些我读过的关于相对论的书中似乎暗示，如果提供了爱因斯坦正在研究的原理，任何有能力的学生都应该能够推导出曲率张量。当时我曾有过疑虑，但令人欣慰的是，唯一一个真正面对过这个问题的人，没能找到答案。爱因斯坦不得不求教于一个真正懂数学的朋友。

那些书还说，一个人一旦理解了曲率张量，他也就非常接近爱因斯坦的引力理论了。爱因斯坦所提出的问题本应该会让他在半页纸内创造出这个理论，其实只需两个步骤，而且你可以从爱因斯坦的笔记本上看到，他当时其实已经掌握了所有的理论要素。但他成功了吗？显然没有。他雄心勃勃地开始，本来很有希望，但后来他犯了个错误。为了否认他的错误，爱因斯坦提出了一个非常聪明的论点。我们沮丧地读着他的笔记，意识到他的这个论点是错误思维的一个典型例子。作为这门学科的好学生，我们可以看出爱因斯坦提出的这个论点不仅错误，而且荒谬，但没有人告诉我们是爱因斯坦自己提出的这个论点。在这本笔记的结尾，他说服自己相信这样一个理论的真实性：现在的我们，对这个理论的经验比他或当时任何人都要多，自然能看出这个观点甚至无法在数学上保持自洽。尽管如此，他还是说服了自己和其他几个人相信他提出的错误论点，并且在接下来的两年里，他们都在研究这个错误的论点。实际上，正确的方程已经被写出来了，就在这个笔记本的一页上，似乎是偶然的。但爱因斯坦当时没能意识到那就是正确的方程，而是跟随错误的线索探索了两年后，才找到了正确方向，转了回来。当他成功时，来自好友的疑问才让他最终明白自己错在了哪里。

这个笔记本并不能让我们怀疑爱因斯坦的伟大，恰恰相反，从中，我们可以看到一个伟人的勇气和判断力，强大到足以让他穿过其他人甚至没能遇到的迷雾和困难。而我们得到的教训是，试图发现新的物理定律是很困难的，真的很难。没有人比爱因斯坦更清楚，做到这一点，不仅需要智慧和勤奋，还需要洞察力、执着和耐心。这就是为什么所有科学家都在团队里工作。同时，这也使科学史成为人类史。没有足够的尝试就不会有成功。当问题像量子引力的发现一样困难时，我们必须尊重他人的努力，即使我们不同意其观点。无论我们是与朋友一同探索，还是在由数百名专家组成的大型团队中探索，我们都同样容易出错。

另一个问题是为什么爱因斯坦在发明广义相对论时犯了这么多错误。他在研究中遇到的问题是，空间和时间没有绝对的意义，只是关系系统。关于爱因斯坦自己是如何认识到这个问题的，并在认识到之后，创造了一个比其他任何理论都更能阐明空间和时间相互联系的理论，这是一个精彩的故事。但在这里我没有资格讲这个故事，这必须留给历史学家去讲。

本章的主题是弦理论，有两个原因使我想要从这些思考开始。首先，正如现在所阐述的，因为弦理论的主要错误是它不尊重广义相对论的基本经验，即时空只不过是一个不断演化的关系系统。使用我在前几章中介绍的术语说，就是弦理论是背景依赖的，而广义相对论是背景独立的。其次，弦理论不太可能以其最终形式出现。而即使最终弦理论是背景独立的形式，爱因斯坦对牛顿的观点也适用于弦理论家：为了取得进展，必要时忽视基本原则，这需要有足够的勇气和敏锐的判断力。

弦理论的故事并不容易讲，因为即使现在我们也没有真正理解它。不过，我们已经对它了解了很多，足以知道它非常奇妙。我们还知道如何在弦理论中进行某些计算。这些计算表明，弦理论至少可能是终极量子引力理论的一部分。但我们对弦理论，既没有给出一个很好的定义，也不知道它的基本原理。过去人们常说，弦理论应是 21 世纪数学的一部分，却在 20 世纪幸运地落入了我们手中。现在看起来它已经没有过去那么好了。问题就在于我们还未能以任何一种基本理论的形式来表达弦理论，写在纸上的东西不能被认为是理论本身。我们所拥有的不过是理论解决方案的一长串例子而已，却没有得出解的理论。这就好像我们有一长串爱因斯坦方程的解，却不知道广义相对论的基本原理，也不知道如何写出定义这个理论的实际方程。

或者，举个简单的例子，目前形式的弦理论很可能与它的最终形式有着某种关系，就像开普勒的天文学与牛顿的物理学之间的关系一样。约翰尼斯·开普勒（Johannes Kepler）发现行星沿椭圆轨道运行，他能够利用这一原理和他发现的另外两条规则，写出无限多可能的轨道方程。而这促使牛顿发现了为什么行星轨道是椭圆的。开普勒据此把对行星运动的解释与许多其他观察到的运动结合起来，例如伽利略发现的抛物线轨迹。最近物理学家又发现了许多关于弦理论的解的例子，但是在没有基本原理的情况下构造这些解所需的精湛技巧实在是令人羞愧。这可能使我们对这个理论了解很多，但至少到目前为止，它还不足以说明这个理论是什么。迄今为止，还没有人拥有如此敏锐的洞察力，能够从解决方案的列表中跳到理论的原则上。

下面从我们对弦理论已然了解的部分开始，这些了解足以让我们认真对待它。量子理论认为每一个波都有一个相关粒子。电磁波有光子，电子有电子波（波函数）。波甚至不需要是基本的东西。当我敲击音叉时，我使声波上下移动，这就是金属的声波。量子理论将粒子与声波联系起来，并称之为声子（phonon）。假设我要通过制造引力波来扰乱我们周围的真空，这可以通过挥舞任何物体来实现，一只手臂，或者一对中子星，都可以。引力波可以理解为一个微小的波纹在背景中移动，而这个背景就是真空。

与引力波相关的粒子称为引力子（graviton）。没有人观察过引力子，即使是探测引力波也很困难，因为它们与物质的相互作用非常微弱。但只要量子理论适用于引力波，引力子就一定存在。我们知道引力子必须与物质相互作用，因为当任何巨大的振动发生时，都会产生引力波。量子理论认为，就像光子与光相联系一样，必定存在与引力波相联系的引力子。

两个引力子会相互作用，因为引力子可与任何有能量的物体相互作用，而引力子本身也携带能量。与光子一样，引力子的能量与其频率成正比。因此，引力子的频率越高，它与另一个引力子相互作用的强度就越大。当两个引力子相互作用时，它们会彼此散射，改变轨迹。一个好的量子引力理论必须能够预测当两个引力子相互作用时会发生什么。这个理论应该能够给出一个答案，不管波有多强，不管它们的频率是多少。这样我们才能知道如何在量子理论中解决问题。例如，我们知道光子会与任何带电粒子相互作用，比如电子。我们有一个关于光子和电子相互作用的很棒的理论，叫作量子电动力学（QED）是由理查德·费曼、朱利安·施温格（Julian Schwinger）、朝永振一郎（Sinitiro Tomonaga）等人在 20 世纪 40 年代后期共同提出的。QED 对光子、电子和其他带电粒子的散射进行了预测，其准确度为小数点后11 位。

物理学和其他科学一样，是可能性的艺术。所以我必须在这里添加一个附加条件，那就是我们并不真正理解量子电动力学。我们知道这个理论的原理，我们可以从中推导出定义这个理论的基本方程，但我们实际上无法解出这些方程，甚至无法证明它们在数学上是自洽的。相反，为了理解它们，我们不得不诉诸一种诡计，即对这些解的性质做了一些历经 50 年却仍未得到证实的假设，这些假设使我们得出了一个计算光子和电子相互作用时大约会发生什么的程序。这个程序叫作微扰理论。该理论非常有用，因为它确实得到了与实验非常一致的答案。但我们实际上并不知道这个程序是否自洽，也不知道它是否准确地反映了理论的真正解决方案所能预测的结果。目前，弦理论主要就是以该近似程序的语言来理解的。它是通过修订近似程序而被提出的，而不是修订理论。这就是为什么人们能够发明一种理论，这种理论却只能被理解为一系列的解决方案。

微扰理论其实很容易描述。感谢费曼，我们才有了一个简单的图解方法来理解它。想象一个过程的世界，其中会发生三件事。一个电子可以从一个点 A 移动到另一个点 B，我们可以把它画成一条直线（如图 11-1 所示）。光子也可以传播，其路径是由图中的虚线表示的。唯一可能发生的另一件事就是一个电子和一个光子相互作用，这是由一条光子线与一条电子线的交点来表示的。为了计算两个电子相遇时会发生什么，只需要记录从两个电子进入场景开始，到最后两个电子离开所发生的一切就可。这样的过程有无数个，图 11-2 展示了其中的几个。费曼教我们把这个过程的概率（实际上是量子振幅，它的平方是概率）与每个图联系起来，然后就可以算出这个理论的所有预测。

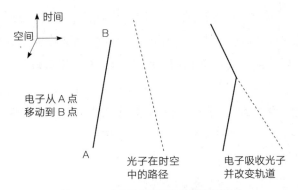

图 11-1　电子和光子运动的基本过程

量子电动力学中，电子和光子可以在时空中自由运动，也可以在电子吸收或发射光子的过程中相互作用。

用这些费曼图的语言很容易解释弦理论。这个理论的基本假设是空间中没有粒子，只有运动的弦。弦只是在空间中绘制的圈，它不是由任何东西构成的，就像粒子被认为是点而不是别的东西一样。弦只有一种，不同种类的粒子被假设为这些圈的不同振动模式。因此（如图 11-3 所示），光子和电子被认为是弦振动的不同方式。当弦随时间移动时，它会生成一个管而不是一条线（如图 11-3 所示）。两个弦也可以合并成一个（如图 11-4 所示），当然一个弦也可以分成两个。自然界中发生的所有相互作用，包括光子和电子的相互作用，都可以用弦的分裂和连接来解释。从这些图中我们可以看到，弦理论给出了一个非常令人满意的、统一的、简化的物理过程的费曼图。它的主要优点在于，提供了一种简单的方法来寻找能够做出自洽物理预测的理论。

费曼方法的问题在于，它总是会得出无穷表达式。这是因为在图中有圈，其中粒子产生，相互作用，然后消失。这些粒子被称为虚粒子（virtual particles），因为它们只存在很短的时间。根据不确定性原理，因为虚粒子的寿命很短，它们可以有任意大的能量，因为能量守恒在它们短暂的生命中不适用。这就产生了大问题，你必须把所有的图加起来才能得到整个过程发生的概率，但是如果一些粒子拥有从 0 到无限的任意能量，那么你要加起来的可能过程将是无限的。这就产生了只不过是表示无穷数的复杂数学表达式。因此，费曼的方法似乎从一开始就对电子和光子的相互作用问题给出了荒谬的答案。

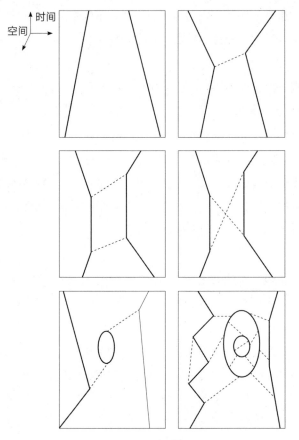

图 11-2 费曼图

图 11-1 中所示的过程放在一起可以构成费曼图，费曼图是一个过程可能发生的可能方式的图片。这里展示的是两个电子通过吸收和发射光子相互作用的一些方式。每一个都可能是宇宙历史的一部分。

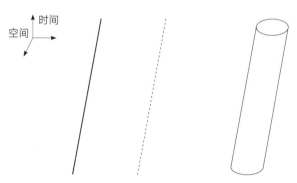

电子和光子现在是弦的一部分了

图 11-3　弦振动的不同方式

在弦理论中只有一种东西会移动，那就是弦，即在空间中画的圈。弦的不同振动方式代表不同种类的基本粒子。

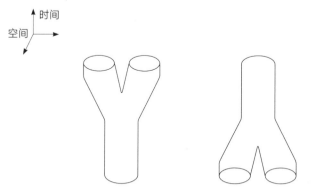

图 11-4　弦的分裂和连接

在弦理论中，粒子间的各种相互作用都是通过弦的分裂和连接来解释的。

巧妙的是，费曼等人发现，这个理论只对几个问题给出了愚蠢的答案，比如"电子的质量是多少？"和"它的电荷是多少？"理论预测这些都是无穷的。费曼指出，如果简单地划掉这些无穷的答案，用正确的、有限的答案来代替，所有其他问题的答案就会变得合理。如果强迫理论给出关于电子质量和电荷的正确答案，那么所有的无穷表达式都可以被移除。这个过程叫作重整化（renormalization）。当它适用于一个理论时，这个理论就被称为可重整理论。这个过程在量子电动力学中非常有效。同样，它也适用于 QCD 和温伯格－萨拉姆理论，也就是关于放射性衰变的理论。当这个过程不起作用时，我们就认为这个理论是不可重整化的，因为这个方法不能给出一个合理的理论。其实大多数理论都是如此，只有某些特殊的东西才能用这些方法理解。

无法用上述方式解释的最重要的理论是爱因斯坦的引力理论。原因是任意大的能量都可以出现在图中移动的粒子中。但引力的强度与能量成正比，因为爱因斯坦认为能量即质量，牛顿则认为引力吸引质量。所以，能量更大的图会相应地产生更大的效应。但根据理论，图中的能量可以任意大。结果就是一种失控的反馈过程，在这个过程中，我们完全无法控制图中发生的事情。没有人能找到一种方法用粒子在费曼图中运动的语言来描述引力理论。但是在弦理论中我们可以理解引力的效应，这是弦理论的伟大成就之一。和旧理论一样，弦理论也有许多变体推导出了每个物理过程的无穷大表达式。不过当这些都被抛弃后，剩下的就是一组完全没有无穷大的理论。人们不必非得要想方设法去分离关于质量的无穷大表达式，然后把它们扔掉。只有两种可能的弦理论：不自洽和自洽。所有自洽的弦理论似乎都给出了所有物理量的有限且合理的表达式。

　　自洽弦理论的列表很长。弦理论在从 1 到 9 的所有维度上都是自洽的。在 9 个维度中有 5 种不同的自洽弦理论。当我们深入自身生活的三维世界时，至少有数 10 万种不同的自洽弦理论。这些理论中的大多数都有自由参数，所以它们不会对诸如基本粒子的质量之类的事物做出独特的预测。每一个自洽的弦理论结构都很紧密。因为所有不同种类的粒子都来自相同的基本物体的振动，所以人们通常不能自由选择理论中所描述的粒子。空间中有无数可能的振动和可能的粒子，尽管它们中的大多数因为能量太大而无法观测。只有最低的振动模式才与我们能观察到的质量粒子相对应。值得注意的是，与弦的最低振动模式相对应的粒子总是包含我们所能观察到的粒子和力的主要类型。其他振动模式则对应质量约为质子质量 10^{19} 倍的粒子。这是普朗克质量，即 1 个 1 普朗克长度黑洞的质量。

　　然而，如果要用弦理论来描述我们的宇宙，仍然有一些问题需要解决。比如许多弦理论预测到目前为止还没有发现的粒子的存在。还有许多弦理论在保持引力强度不受时空变化影响方面存在问题。而几乎所有自洽的弦理论都预测，粒子之间存在超出我们观测的对称性。其中最重要的是超对称（supersymmetries）。

　　超对称是一个很重要的概念，所以这里有必要迂回讨论一下。要理解超对称，我们首先必须知道基本粒子分为两大类，即玻色子和费米子。玻色子包括光子和引力子，以普朗克常数为单位测量，其角动量是简单整数。费米子包括电子、夸克和中微子，其有以 1/2 为单位的角动量。费米子也满足泡利不相容原理，即两个费米子不能处于同一态。超对称要求费米子和玻色子成对出现，每一对中的两个基本粒子质量相同。这在自然界中目前绝对没有被观察到。如果确实有像玻色子、电子和夸克这样的东西存在，世界将是一个非常不同的地方，因为泡利不相容原理将没有力，任何形式的物质都将不稳定。所以，如果我们的世界是超对称的，它就会自发破缺（spontaneously broken），也就是说背景场必须给每一对中的一个粒子大质量，而不给另一个大质量。接受这种奇怪的对称性的唯一理由是，对于大多数弦理论的版本来说，给出自洽的答案似乎是必需的。

寻找超对称性的证据是目前粒子加速器实验的重点。弦理论学家非常希望能找到超对称性的证据。如果超对称性在实验中没有被发现，那么仍然有可能构建一个与实验相符的弦理论，但如果超对称性的实验支持即将到来，这将是一个不那么令人高兴的结果。

很明显，关于弦理论有一些很奇妙的东西。弦理论的优点之一是它能自然地将所有粒子和力统一起来；其二是有许多自洽的弦理论都包括引力；其三，正如第 9 章提到的那样，弦理论还是二象性假说的完美实现。但是，弦理论，即量子粒子在背景时空中运动的绘景，也不能被过分强调。不过，弦理论是唯一已知的将引力与量子理论以及其他自然力量自洽地统一的方法。

令人沮丧的是，尽管如此，弦理论似乎并没有完全包含广义相对论的基本内容，即空间和时间是动态的而不是固定的，相对的而不是绝对的。正如目前所阐述的那样，在弦理论中，弦在一个绝对固定的背景时空中运动。空间和时间的几何形状通常被认为是永远固定的，所有发生的事件都是一些弦在这个固定的背景上移动并且相互作用的结果。但这是错误的，弦理论也犯了和牛顿物理学一样的错误，即把空间和时间当作一个固定不变的背景，并认为物体在此背景下运

动和相互作用。正如我已经强调过的，正确的做法是把构成
空间和时间的整个关系系统当作一个单一的动态实体，而不
去固定它。这就是广义相对论和圈量子引力理论的工作原理。

然而，科学并不是绝对的。科学的进步是建立在可能的
基础上的，这意味着即使似乎违背了既定的原则，踏实做事
通常也是有意义的。基于这个原因，即使最终结果可能是错
误的，但遵循背景依赖的方法依然是有用的，看看是否有自
洽的绘景，使我们可以回答诸如"当两个引力子朝着空时空
互相分散会发生什么"这样的问题。我们要记得，这样的绘
景最多只能给出一个近似描述，是发现量子引力理论的一个
重要和必要的步骤。

弦理论的另一个主要缺点是它不是一个单一的理论，而
是一整类理论，所以它不能给出很多对基本粒子的预测。这
一缺陷与背景依赖密切相关。每个弦理论都在不同的时空背
景中运动，因此要定义一个弦理论，首先必须确定空间的维
数和时空的几何形状。在很多情况下，空间维度比我们观察
到的三个多。有个假设对此做了如下解释：在我们的宇宙
中，额外的维度被紧紧地卷起来以至于我们无法直接感知
到。我们认为额外的 6 个维度被压缩（compactified）了。
既然弦理论在九维空间有最简单的形式，这就导致了在三维

空间中许多不同的自洽弦理论可以被理解为来自隐藏的六维空间结构的不同方式的选择。

压缩 6 个额外维度至少有几十万种方法。对于额外的六维空间，每一种方法都对应着一个不同的几何形状和拓扑结构。因此，有许多不同的弦理论与世界有三个大的空间维度的基本观察相自洽。此外，每种理论都有一组参数来描述 6 个压缩维度的大小和其他几何性质。这些结果影响了我们在三维世界中看到的物理学。例如，额外维度的几何形状影响了我们观察到的基本粒子的质量和相互作用强度。

这些额外的维度到底是否存在无关紧要。如果一个人处于高维领域的三维"现实"的画中，他就会相信有额外的维度，至少只要他在背景依赖的画中工作他就会相信。但是这些额外的维度也可以被看作纯粹的理论基础，对于理解三维中众多的自洽弦理论非常有用。但是，只要我们停留在背景依赖的水平，这真的无关紧要。

因此，尽管弦理论是一个统一的理论，但它目前的形式对我们实际观察到的物理学几乎没有什么预测。新的、更强大的粒子加速器会发现很多不同的情况与某个版本的弦理论自洽。因此，弦理论不仅缺乏实验验证，而且在未来几十年内，也很难想象有一项实验能够证实或否定它。并且，在弦理论看来，在 9 个维度中有 6 个压缩维度和 3 个大维度也没什么特别的。弦理论能够很容易地描述一个非紧致空间的维数为 0 到 9 中任何一个数的世界。

因此，弦理论表明，我们所看到的世界对所有可能的物理现象只提供了一个稀疏而狭窄的抽样，因为如果它是真的，它将告诉我们世界的大部分维度和大部分对称都是隐藏的。尽管如此，许多人还是相信弦理论。这在一定程度上是因为，尽管弦理论目前的表述可能还不完整，但它仍然是一种将引力与其他力自洽地统一在背景依赖水平上的方法。

那么，弦理论的主要问题是，如何突破现有的理论框架，找到一种既能吸收弦理论的成功之处又能避免其弱点的理论。解决这个问题的一种方法是从下面这个问题开始。如果有一个单一的理论通过将每个解当作一个自洽的弦理论，从而统一了所有不同的弦理论，那会怎样呢？不同的弦理论，连同它们所处的时空，将不会被视作绝对。相反，所有的弦理论都将来自这个新理论的解决方案。请注意，新理论不能用任何物体在固定时空背景下的运动来表述，因为它的解决方案将包括所有可能的背景时空。这个基本理论的不同解类似于广义相对论方程的不同时空解。

现在我们可以用下面的方法进行类比。让我们取任一时空，即爱因斯坦方程的一个解，在其中摆动一些物质，这会产生引力波。引力波会在原始时空上运动，就像池塘表面的涟漪一样。我们可以用同样的方法来解决我们的基本理论。如果产生的不是背景上的波动，而是弦，那会如何？这很难形象化，但记住，根据对偶性假设，弦只是看待场的另一种方式。如果我们摇动一个场，就会得到波。在电场和磁场中的摆动终究是光。不过，如果对偶性真实可信，那么就必须有一种通过空间中的弦的运动的方式来理解对偶性。

如果这种绘景是正确的，那么每一个弦理论本身就都不是一个理论，不过是对涟漪如何在背景时空中移动的一种近似描述，而背景时空本身就是另一种理论的解决方案。这一理论将是广义相对论的某种延伸，因为它是背景独立的。

如果这个假设成立，就可以解释为什么有这么多不同的弦理论。基础理论的解决方案是定义大量不同的可能宇宙，每一个都用不同的空间和时间来描述。

那么，剩下的问题就是如何把所有弦理论统一起来，构建一个单一理论。少数人已经在辛勤地致力于此，我也花了很多时间在这项工作上。虽然这个理论目前还没有统一的形式，但至少我们给它起了个名字——M 理论。没有人知道 M 代表什么，我们只是觉得这对于一个迄今为止还只是推测存在的理论是合适的。

迄今，弦理论学家已花了大量时间寻找 M 理论存在的证据。一个非常成功的策略是寻找不同弦理论之间的关系。在很多情况下，我们会发现两个明显不同的弦理论版本描述出完全相同的物理现象。在某些情况下，这是直接看到的；在另一些情况下，这种巧合很明显只是某些近似或通过研究理论的简化版本而得到的。这些关系表明不同的弦理论是更大理论的一部分。如果 M 理论存在的话，有关这些关系的信息就可以被用来学习 M 理论必须有的结构。例如，弦理论给了我们一些 M 理论将会有的对称性的信息。这些对称性在很大程度上扩展了对偶性的概念，这在任何弦理论中都无法实现。

另一个非常重要的问题是，M 理论是否能够描述一个时空连续或离散的宇宙。起初，弦理论似乎指向一个连续的世界，因为它是基于弦在空间和时间中连续运动的图像。但这被证明是一个误导，因为当仔细观察弦理论时，它似乎是在描述一个具有离散空间结构的世界。

观察离散性的一种方法是研究缠绕在一个空间上的弦，使一个维度形成一个圆（如图 11-5 所示），这个圆的半径是 R。有人可能会认为如果我们让 R 变得越来越小，这个理论就会陷入困境。但是弦理论有一个惊人的特性，那就是当 R 变得很小的时候和 R 变得很大的时候是没有区别的。结果就是，R 有一个最小的可能值。如果弦理论是正确的，那么宇宙就不会比这个 R 小。

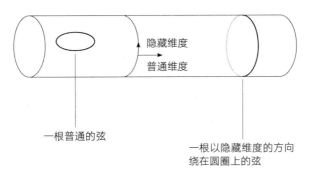

图 11-5　如何观察离散性

圆柱体是一个二维空间，其中一个方向是圆。我们看到一个缠绕在圆圈上的弦。这是关于如何隐藏额外维度的典型想法：水平方向代表三个普通方向，垂直方向代表其中一个隐藏维度。这里没有显示时间。

对此有一个很简单的解释，我希望这至少能让你们体会到贯串弦理论研究的那种推理。R 存在最小值的原因与这样

一个事实有关。当一根弦缠绕在一个圆柱体上时，它可以做
两件不同的事情（它有两个自由度）。首先，它可以像吉他
弦一样振动。由于圆柱体的半径是固定的，所以会有一系列
分立的模式使弦振动。其次，弦有另一个自由度，因为人们
可以改变弦缠绕圆柱体的次数。因此有两个数字可以描述缠
绕在圆柱体上的弦：模式数和它被缠绕的次数。

　　结果是，如果一个人试图减小圆柱体的半径 R，在某个
临界值以下，那么其实这两个数只是交换位置。比如，第三
种振动模式下的弦缠绕圆柱体周围 5 次，其中 R 略小于临
界值；第五种振动模式下的弦缠绕圆柱体周围 3 次，其中 R
略大于临界值，这两种弦无法区分。其结果是，在小圆柱上
的弦的每一种振动模式都与缠绕在大圆柱上的弦的不同模式
无法区分。由于不能区分它们，缠绕在小圆柱体上的弦的模
式是多余的。因此，该理论的所有态都可以用大于临界值的
圆柱体来描述。

　　另一种观察离散性的方法是想象一个弦以接近光速的速
度通过。这个弦就似乎包含一组离散的元素，其中每个元
素都有固定的动量，被称为弦位（string bits，如图 11-6 所
示）。弦的动量越大，它就越长，所以，任何能被当作弦看
待的物体的大小都是有限制的。但是，根据弦理论，自然界

中所有的粒子实际上都是由弦组成的，如果这个理论是正确的，那么就存在一个最小的尺寸。就像一个银原子就是一个最小的银片那样，有一个最小的可以传播的过程，即一个弦位。

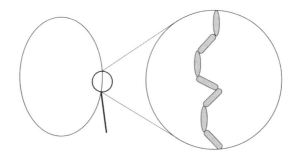

图 11-6　普朗克放大镜下的弦

通过普朗克放大镜看到的一根弦是由离散的弦位组成的，就像一个木制的玩具蛇。

事实证明，有一种简单的方式来表达弦理论中的最小尺寸。在普通的量子理论中，可以观测到的极限用海森堡不确定性原理表示。即

$$\Delta x > (h/\Delta p)$$

其中 Δx 是位置的不确定度，h 是普朗克常数，Δp 是

动量的不确定度。而弦理论把这个方程修改为

$$\Delta x > (h/\Delta p) + C\Delta p$$

其中 C 是另一个与普朗克尺度有关的常数。如果没有这个新常数，你可以通过增大动量的不确定性，来尽可能减小位置的不确定性。而对于方程中的新项，我们不能这样做，因为当动量的不确定性变得足够大时，第二项就会进来，迫使位置的不确定性开始增大而不是减小。结果是位置的不确定性有一个最小值，这意味着任何物体在空间中可以定位的精确度都有一个绝对极限。

这告诉我们，就算 M 理论存在，它也不能把世界描述成空间连续体，并且将无限的信息打包到任何体积中，无论这个体积多么小。这表明 M 理论无论如何都不会是弦理论的直接延伸，因为它需要用不同的概念语言来表述。那么，弦理论目前的形式很可能是新物理学的元素与旧牛顿体系混合的过渡阶段，因为根据旧的牛顿体系，空间和时间是连续的、无限可分的和绝对的。剩下要解决的问题就是把旧的原理从新理论中剔除出来，并找到一种连贯的方法，只使用那些被 20 世纪和 21 世纪的实验物理学所支持的原理来构建理论。

THREE ROADS TO QUANTUM GRAVITY

III
通往量子引力的终极路线：
全息原理

12
全息原理

在第二部分中，我们介绍了通向量子引力的三种不同途径：黑洞热力学、圈量子引力理论和弦理论。虽然每个途径都有不同的起点，但它们在普朗克尺度上有着一致的结论，即空间和时间不可能是连续的。由于看似不同的原因，在每条道路的尽头，人们都会得出这样的结论：必须抛弃过去那种认为空间和时间连续的认知。在普朗克尺度上，空间似乎由基本的离散单位组成。

圈量子引力理论通过自旋网络提供了这些单位的详细图景。它告诉我们面积和体积是量子化的，只以离散单位的形式出现。弦理论最初被用来描述在连续空间中运动的连续弦。但仔细观察就会发现，弦实际上是由离散的片段构成的，这些片段被称为弦位，每一个片段都携带着离散的动量和能量。弦理论是不确定性原理的延伸，以一种简单而美丽的方式告诉我们存在一个最小的单位长度。

黑洞热力学导致了一个更极端的结论——贝肯斯坦界。根据这一原理，以普朗克单位来衡量，任何区域所能包含的信息量不仅是有限的，而且与区域边界的面积成正比。这意味着世界必须在普朗克尺度上是离散的，因为如果它是连续的，任何区域都可能包含无限数量的信息。

值得注意的是，这三条路都得出了一个普遍的结论，即空间在普朗克尺度上是离散的。然而，量子时空的三种图景看起来相当不同。因此，我们需要把它们结合起来，形成一幅单独的图景，使之成为通向量子引力的终极路线。

起初人们可能不明确如何去做这件事，因为这三条路研究了世界的三个不同方面。即使存在着一个量子引力的终极理论，也会有不同的物理学体系，其中的基本原理可以用不同的方式表达自己。这似乎就是现在正在发生的事情。不同形式的离散产生于不同的问题。只有在两种不同的理论中询问同样的问题而得到不同的答案时，我们才能发现真正的矛盾之处。因为不同的方法询问的是不同类型的问题，所以迄今为止这种情况还没有发生过。当然，也有可能不同的方法代表了通向同一量子世界的不同窗口，如果真的是这样，则必定存在一种方式能将它们结合成一种单一的理论。

如果要将不同的方法统一起来，就必须有一种原理来表达量子几何的离散性，并且它与这三种方法都是自洽的。如果这种原理真的能够被找到，那么它将是把三种方法统一成一种的指导原则。事实上，近年来已经有人提出了这样的原理，它被称为全息原理（holographic principle）。

不同的人对这一原理提出了不同的看法。但是，经过过去几年的大量讨论，人们对于全息原理的确切含义仍然没有达成一致意见。不过这一领域中的一些人还是强烈地感觉到，全息原理的某些版本是真的。如果是真的，它将是第一个只有在量子引力理论背景下才有意义的原理。这意味着，即使它目前被理解为广义相对论和量子理论的原理，但还是有可能最终形势逆转，全息原理会成为物理学基础的一部分，量子理论和相对论则可能是其推导出的特殊情况。

全息原理的提出首先是受到了第 8 章已经讨论过的贝肯斯坦界的启发。这里有一种描述贝肯斯坦界的方法，即假定任何物理系统，由任何东西组成，姑且称之为"事物"。我们只需要将"事物"封闭在一个有限的边界内，该边界称为屏幕（如图 12-1 所示）。我们想尽可能多地了解这个"事物"，但不能直接触摸它，只能在屏幕上对它进行测量。我们可以通过屏幕发送任何辐射，并记录屏幕上发生的任何变化。贝肯斯坦界认为，通过观察周围的屏幕，我们可以回答多少"是／否"的问题是有一个一般的限制的。以普朗克单位计算，这个数字必须小于屏幕面积的四分之一。这个原理告诉我们，如果我们问了更多的问题，要么屏幕的面积因为做了一个超出极限的问题的实验而增加，要么我们所做的超出极限的实验会抹掉之前的一些问题的答案。也就是说，在任何时候，我们对事物的了解都无法超过屏幕面积所施加的限制。

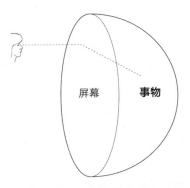

图 12-1　贝肯斯坦界论证

我们通过屏幕观察事物，屏幕显示的信息量也就限制了我们能接收到的关于事物的信息的数量。

　　最让人惊讶的并不是编码到这个"事物"里的信息量被限制，毕竟，如果相信这个世界有一个离散的结构，那么这种信息量的限制正是我们应该期待的。让人更为惊讶的是，我们通常期望编码到这个"事物"里的信息量与它的体积成正比，而不是与包含它的表面的面积成正比。例如，假设这个事物是计算机内存。如果连续不断地推进计算机小型化，我们最终将纯粹地从空间的量子几何中建造计算机，这是我们所能做的极限。想象一下，我们可以用描述空间量子几何的自旋网络态来构建计算机内存。这些不同的自旋网络态的数量与这些态所描述的体积成正比，因为每个节点都有很多态，节点的数量与体积成正比。贝肯斯坦界对此没有异议，但它断言，我们外部观察者能够提取的信息量与面积成正比，而不是体积。面积与网络节点的数量无关，而是与穿过屏幕的边的数量成正比（如图12-2所示）。这说明，从空间的量子几何中构造出最有效的内存，是通过构造一个表面，并在每一个2普朗克长度的区域的一侧放置一个内存位来实现的。一旦我们这样做了，将内存构建到第三维将不会再有任何帮助。

　　这个想法令人惊讶。如果要认真对待这个问题，最好有一个充分的理由。事实上，贝肯斯坦界是热力学第二定律的结果。从热力学定律到贝肯斯坦界的论证其实并不复杂。因为它的重要性，我在下面的方框中给出了它的证明形式。

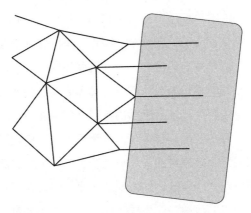

图 12-2　描述空间量子几何的自旋网络

在有限数量的点上相交于边界，比如视界。每个交叉口增加了边界的总面积。

关于贝肯斯坦界的论证

　　让我们首先假设"事物"足够大，具备精确的量子描述和平均的宏观描述。接下来，我们将用反证法来论证，这意味着首先要进行相反的假设。因此，我们假设描述事物所需的信息量比屏幕的面积大得多。并且，为了简单起见，先假设屏幕是球形的。

我们知道"事物"不是黑洞，因为任何一个黑洞的熵如果能进入屏幕，它的熵就一定小于屏幕的面积。但在这种情况下，用普朗克单位表示，它的熵必须小于屏幕的面积。如果我们假设一个黑洞的熵并计算出它可能的量子态的数目，那么这个数目将远远小于"事物"所包含的信息。

然后（从经典广义相对论的一个定理）得出结论，这个事物的能量比一个刚好能放进屏幕的黑洞要少。现在，我们可以通过缓慢地将能量输入屏幕来慢慢地增加能量。随之，我们将到达一个临界点，在这个临界点上我们将提供足够的能量使它坍缩成黑洞。但是我们知道它的熵是由屏幕面积的四分之一给出的。因为它比原来的熵要小，所以我们降低了系统的熵。那么，这就与热力学第二定律相矛盾了。

　　我们慢慢地输入能量，以确保屏幕之外不会发生什么意外使其他地方的熵增加。这个论证似乎没有漏洞。因此，如果我们相信热力学第二定律，那么就必须相信，在屏幕之外，事物的最大熵是屏幕面积的四分之一。因为熵是对"是/否"问题的答案的计数，这就暗示了贝肯斯坦界是正确的。

　　至少还有两个很好的理由可以让我们相信贝肯斯坦界。其一是爱因斯坦理论和边界理论之间的关系可以逆转。在上述专栏中展示的贝肯斯坦界的论证中，边界部分是爱因斯坦广义相对论方程的结果。但是，正如特德·雅各布森在一篇著名的论文中所指出的那样，这个论点可以颠倒过来。假设热力学定律和贝肯斯坦界为真，就可以推导出爱因斯坦理论的方程式。当能量流过屏幕时，屏幕的面积必定改变，因为热力学定律要求某些熵随能量一起流动。结果是，决定屏幕面积的空间几何形状必须随着能量的流动而改变。特德指出，这实际上暗示了爱因斯坦理论的方程式。

　　相信贝肯斯坦界的另一个理由是，它可以直接由圈量子引力理论导出。要做到这一点，只需要研究量子理论如何描述屏幕的问题。在圈量子引力理论中，屏幕将被自旋网络的边缘所穿透，与屏幕相交的每一条边构成屏幕的总面积（如图 12-2 所示）。结果是，添加的每条边也增加了可以存储在屏幕量子理论描述中的信息量。虽然我们可以添加更多的边，但是一个屏幕可以存储的信息不能比它的面积增长更快。这正是贝肯斯坦界所要求的。

也许第一个认识到贝肯斯坦界的根本含义的人是路易斯·克兰。他由此推断，量子宇宙论必须是一种关于宇宙各子系统之间信息交换的理论，而不是一种关于宇宙在外部观察者眼中是什么样子的理论。这是向量子宇宙学的关系理论迈出的第一步，量子宇宙学的关系理论后来由卡洛·罗韦利、福蒂尼·马可波罗 - 卡拉马拉和我进一步拓展并使其发展壮大。接着，杰拉德·特·胡夫特开始像我描述的那样把黑洞的视界想象成类似电脑的东西。由此，他提出了全息原理的第一个版本，并给它命名。这个理论很快得到了莱纳德·萨斯坎德（Leonard Susskind）的支持，他还展示了如何将其应用到弦理论中。从那以后，学界至少提出了两种全息原理的新版本。不过到目前为止，究竟哪一个是正确的，人们还没有达成共识。我将解释其中两个版本，即强全息原理（strong holographic principle）和弱全息原理（weak holographic principle）。

　　强全息原理的概念很简单。由于观察者只能通过屏幕观察"事物"，所以如果我们假设屏幕上定义了某种物理系统（如图 12-3 所示），那么所观察到的所有事物都可以解释。这个系统将用一个只涉及屏幕的理论来描述。这个"屏幕理论"可能会把屏幕描述成类似于量子计算机的东西，即每个像素有一位内存，每个像素的每一边都是 2 普朗克长度。现在假设观察者通过屏幕发送一些信号，这些信号能够与"事物"相互作用，结果会有一个信号通过屏幕返回。就观察者而言，如果光与屏幕上的量子计算机相互作用并返回一个合适的信号，也是一样的。关键是，观察者无法判断它们是在与事物本身互动，还是仅仅与它的图像互动，这就是一种屏幕理论的态。如果能够适当地选择屏幕理论，或者适当地编程计算机代表屏幕上的信息，屏幕内部的物理定律同样可以由屏幕对观察者的响应来表示。

　　在这种形式下，全息原理表明，对世界上位于任何表面另一边的部分所能给出的最简洁的描述实际上是对其图像在该表面上如何演变的描述。这可能看起来很奇怪，但重要之处在于它依赖贝肯斯坦界的方式。屏幕描述是足够的，因为与从来不能表示在屏幕上的像素的态相比，关于这个"事

物＂无法得到更多的信息。强全息原理的形式是这样的：自
然界中任何物体的物理描述都可以用假想存在于它周围的表
面上的计算机的态来表示。也就是说，对于屏幕中可能存在
的每一组真实的定律，都有一种方法来为代表屏幕理论的计
算机编程，这样它就能重现所有关于这些定律的真实预测。

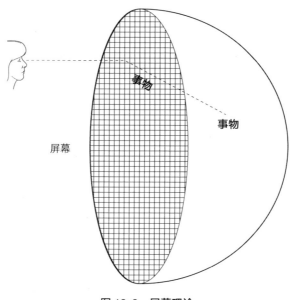

图 12-3　屏幕理论

屏幕就像一台电视机，像素每边都是 2 普朗克长度。人们只能
看到屏幕上能显示的关于世界的信息。

这已经够匪夷所思的了，但全息理论还不能走得更远，因为它需要用"事物"来描述世界。在第 4 章中，我就提到过，当我们深入基本理论时，将没有"事物"，只有过程。如果相信这一点，我们就不能相信任何用事物来表达世界的原理。因此我们应该重新制定原理，使其只涉及过程。这就是弱全息原理所做的。弱全息原理指出，我们错误地认为世界是由占据空间区域的事物组成的。实际上，世界上存在的一切都是屏幕，世界在屏幕上被呈现出来。也就是说，弱全息原理并不假设有笨重的"事物"以及它们表面的图像或表征这两种东西。它假设只有过程，即宇宙历史上的一组事件通过表征接收关于世界其他部分的信息。

在这样一个世界里，除了信息传递的过程之外，什么都不存在。而屏幕的面积，也可以说是任何空间表面的面积，实际上就是这个表面作为信息通道的能力。因此，根据弱全息原理，空间不过是一种谈论所有不同通信渠道的方式，这些渠道允许信息从一个观察者传递到另一个观察者。而几何的面积和体积，只不过是这些屏幕传输信息的能力的度量。

这个更基本的全息原理的版本建立在第 2 章和第 3 章介绍的思想之上。弱全息原理强烈地依赖宇宙不能从宇宙之外的观察者的角度来描述的观点，因此会产生许多片面的观点，因为观察者可能从他们的过去得到信息。根据全息原理，像表面面积这样的几何量起源于在测量宇宙内部观察者的信息流。

因此，仅仅说世界是一张全息图是不够的。世界必须是一张全息图的网络，每张全息图都包含了有关其他全息图之间关系的编码信息。总之，全息原理就是"世界是一个关系网络"这一概念的最终体现。这些关系是由这个新原理揭示的，因为它只涉及信息。这个网络中的任何元素都只是其他元素之间关系的部分体现。最后，也许宇宙的历史也只不过是信息流。

尽管如此，全息原理仍然是一个很有争议的新想法。但是，在量子引力的历史上，我们终于有了这样一个想法。虽然这个想法起初看起来很疯狂，不可能是真的，但它经受住了所有的质疑。无论全息原理的哪个版本最终将被证明是正确的，这个想法都是我们目前理解量子引力所需要的。但全息原理一旦被接受，我们就不可能再回到之前的理论中去了。量子理论的不确定性原理和爱因斯坦的等效原理也是这种类型的想法。它们与旧理论的原理相矛盾，并且一开始似乎也没什么意义。同样，全息原理也是这样一种人们希望遇到的新想法，就像一个人正在转向一个新的宇宙。

13
如何编织一根精细的弦

也许一些物理学家对圈量子引力不感兴趣的主要原因是，尽管它在描述普朗克尺度的空间几何结构方面非常成功，但它基本上是相当枯燥的。因为圈量子引力没有涉及新的原理。为了建立这个理论，我们只引入了量子理论和相对论的基本原理。诚然，我们得到了很多新东西，甚至可以通过实验来测试。所以，当几何在理论上被处理为量子时，它的行为就像一个量子理论系统，这一点并不令人惊奇。过去是连续的东西，比如空间可能的体积范围，现在变成离散的了。由此我们得到的主要经验是，我们真的可以以一种独立于背景的方式来看待空间和时间，把它们看作一种关系网络。这是很好的，这也是我们引入的原理所要求的。它的有效性是一个很好的自洽性检验，但我们不应该认为它既不令人惊讶，也不具有革命性。这种方法的主要优点是简单和普适，但这也许也正是它的缺点所在。

弦理论却正好相反。我们不是从基本原理开始，而是通过反驳量子引力中最确定的东西，即它必须是一个背景独立的理论开始。我们在忽略这一点的条件下，寻找引力子和其他粒子在真空背景下运动的理论，经过反复试验，我们发现了弦理论。我们的指导原则是找到有效的方法，要做到这一点，我们必须多次改变规则。空间没有粒子，只有弦。而且，空间不是三维的，而是九维的。此外，空间有额外的对称性。所以，弦理论是独一无二的。其实，它并不是唯一的，它有很多个版本。事实上，空间不仅仅有弦，还有很多不同维度的膜。空间不是九维，而是十维，等等，诸如此类。弦理论只不过是一连串的惊喜。我们没有提出任何原则，所提出的只是对有意义的引力子理论的渴望。然后，我们得到了一长串意想不到的事实，一个有待探索的全新世界。

从 1984 年到 1996 年，这两种量子引力理论是由两组完全独立的研究者逐步发展起来的。每个小组都成功地解决了自己设置的问题。虽然我们都了解对方的观点，保持着分歧产生前的友谊，但不得不说，几乎每个人都认为自己的团队走对了路，另一组的人都被误导了。他们都很明确地知道为什么另一组不能成功。圈量子引力理论学家对弦理论学家说："你们的理论不是独立于背景的，它不可能是真正的时空量子理论。只有我们知道如何建立一个成功的背景独立的理论。"而弦理论学家对圈量子引力理论学家说："你们的理论没有对引力子和其他粒子之间的相互作用给出自洽的描述。只有我们的理论描述了引力与其他粒子之间相互作用的自洽统一。"我无比遗憾地承认，在这整个时期，没有一个人同时研究这两种理论。许多人似乎都犯了一个可以理解的错误，即将部分量子引力问题的解与整个问题的解混淆了。

这也就造成了很多的误解，我有过不止一次这样的经历：坐在一个阵营的人旁边，听另一个阵营的人讲话。坐在我旁边的人很激动："那个年轻人太傲慢了，他们说自己解决了所有的问题！"事实上，发言者只是做了一次非常慎重的陈述，陈述中充满了谨慎的条件和告诫，没有提出任何超出研究范畴以外的断言。问题是，这些条件必须以特定的该理论的术语来表述，而我旁边的人，即来自对立理论阵营的人，则无法理解。我在两个方向都遇到过这种情况。即使是现在，人们也可以去参加一个分别以弦理论和圈量子引力理论为主题的平行会议。只有少数几个人注意到，这两个平行会议在解决同样的问题，他们在努力从两个方向上分别寻找破解之法。

　　值得注意的是，几乎所有这些人都很真诚。有许多弦理论家和许多圈量子引力理论家，他们彼此并没有为对方阵营而苦恼，他们只不过采取了不同的方法来解决他们生命中不断追寻的问题。

　　但这不是科学问题，而是学术的社会学问题。有时，我会从圈量子引力理论研究室跑到弦理论研究室，然后又跑回来，我想知道，如果 17 世纪的物理学和今天的科学在同样的社会学背景下进行，会发生什么？因此，让我们回到过去，看一看另一种科学史。回到 1630 年，有两大群自然哲学家在研究亚里士多德的科学贡献。在会议上，他们就像今天一样自然分成了两个平行的部分，几乎没有重叠。在其中一个房间里，有一些人认为下落的物体体现了新物理学的关键，他们花时间对地球上的物体的运动进行深刻的思考，如发射弹丸、用钟摆做实验、把球滚下斜面等。他们每个人都有自己的关于下落物体的理论，但是他们又因为一个统一的信念而团结在一起，那就是如果没有伽利略发现的物体以恒定加速度下落的深层原理，任何理论都不可能成功。他们不会关心行星的运动，因为他们看不到任何与这古老而美丽的观点相抵触的东西，即行星在圆形轨道上运行。

在他们头顶上有两层楼之隔的一个更大的房间，椭圆论者集中在那里。他们在研究行星的轨道，无论是在真正的太阳系，还是在不同维度的想象世界。对他们来说，关键的原理是开普勒发现的"行星运行在椭圆轨道上"。他们不关心物体怎样落在地球上，因为他们认为，人们只能在天上才能看到世界背后的真实对称，而不受地球的复杂性影响。无论如何，他们相信所有的运动，包括地球上的运动，最终都必须归结为椭圆的复杂组合。他们向怀疑论者保证，现在还不是研究这些问题的时候，但一旦这个时机到来，他们就可以用椭圆理论来解释落体运动了。

相反，他们把注意力集中在新近发现的 D 行星上，这些行星应该是沿着抛物线而不是椭圆运动的。因此，椭圆理论的定义将扩展到包括抛物线和其他曲线，如双曲线。甚至有一种猜想，所有不同的轨道都可以统一在一个共同的理论下，比如 C 理论。然而，C 理论并没有一套公认的原理，大多数关于 C 理论的工作都需要新的数学知识，而这是大多数物理学家欠缺的。

与此同时，巴黎一位杰出的数学家、哲学家笛卡尔发明了一种新的数学形式。他提出了第三种理论，在这个理论中，行星轨道与涡旋有关。

的确，虽然伽利略和开普勒双方确实互相通信，但他们似乎对对方的重大发现都不感兴趣。他们会互相写信谈论望远镜和它所揭示的东西，但伽利略似乎从未提到过椭圆，并且直到生命的最后都认为行星的轨道是圆形的。也没有任何证据表明开普勒曾考虑过坠落的物体，或者认为它们与解释行星运动有关。新一代的年轻科学家牛顿在伽利略去世的那年出生，他想知道，是否是同一种力量让苹果落在地球上，而行星落在太阳上。因此，尽管我的故事是虚构的，但确实发生了这样一件事：伽利略和开普勒都为一场科学革命贡献了一种基本的要素，但他们几乎对彼此的发现一无所知，而且显然对彼此的发现不感兴趣。

我们希望，将量子引力理论的不同部分整合到一起所花的时间，将比让人看到开普勒和伽利略的工作之间的关系所花的时间少。原因很简单，现在在这个领域工作的科学家比过去多得多。如果问开普勒和伽利略，他们可能会抱怨说，他们太忙了，没时间看对方在做什么，但现在有很多人在分享这项工作。然而，现在的问题在于，如何确保年轻人能够自由地跨越前辈设定的界限，而又不必担心会危及他们的事业。如果说这不是一个重大问题，那就太天真了。在许多科学领域，我们正在为学术体系的后果付出代价，因为这种体系奖励的是对焦点的狭隘关注，而非探索新领域。这强调了一个事实，即科学家优秀与否将永远与他的判断力和性格相关，就像与智力紧密相关一样。

事实上，在过去的 5 年里，将弦理论与圈量子引力理论分离开来的无知而自满的气氛已经开始消散。原因是，每个群体都越来越清楚地认识到自己有无法解决的问题。弦理论的问题是使理论背景独立并找出 M 理论到底是什么。解决这个问题对于将不同的弦理论统一成一个理论和使弦理论成为真正的量子引力理论都是必要的。同时，圈量子引力理论面临的问题是，如何证明一个演化的自旋网络所描述的量子时空会成为一个大的经典宇宙，这个近似可以用普通几何和爱因斯坦的广义相对论来描述。这个问题产生于 1995 年，当时在哈佛大学工作的年轻德国物理学家托马斯·蒂曼（Thomas Thiemann）首次提出了圈量子引力的完整公式，解决了当时已知存在的所有问题。蒂曼的构想建立在之前所有工作的基础上，他在这些工作上加入了自己的一些创新，结果产生了一个完整的理论，并且原则上应该能够回答任何问题。此外，通过遵循一个明确的、数学上严格的程序，该理论可以直接由爱因斯坦的广义相对论推导出来。

　　我们一旦有了这个理论，就可以用它开始计算。首先要计算的是引力子是如何作为一个通过自旋网络的小波或干扰的描述出现的。然而，在这之前，我们必须先解决一个更基本的问题，那就是理解在我们所能看到的尺度上是如此平滑和规则的空间和时间的几何结构，是如何从自旋网络的原子描述中浮现出来的。在此之前，我们无法理解引力子是什么，因为引力子应该与经典时空中的波相关。

　　这种新问题，对于我们来说比较新奇；但对于研究材料的物理学家来说，却很熟悉。如果我把双手握成杯状，把它们浸在小溪里，我只能带走装进"杯子"的水。但我可以抓住冰块的两侧来举起一块冰。水和冰中原子的排列方式不同，是什么导致了这种差异？同样，形成空间原子结构的自旋网络也可以以许多不同的方式组织自己。在这些方式中，只有少数几种有足够规则的结构来再现我们的世界中空间和时间的性质。

　　值得注意，甚至称得上奇迹的是，每个小组面临的最困难的问题恰恰是另一个小组已经解决了的关键问题。一方面，圈量子引力理论告诉我们如何建立一个独立于背景的时空量子理论，这为 M 理论家寻找一种使弦理论背景独立的方法提供了很大的空间。另一方面，如果我们相信弦一定来自圈量子引力所提供的空间和时间的描述，我们就有了很多关于如何构造这一理论的信息，这样它就能描述经典的时空。这个理论必须以这样一种方式表述：引力子不是独立出现的，而是作为表现为弦的延展体的激发模式出现的。

然后，我们就有可能接受以下假设：弦理论和圈量子引力理论是一个理论的不同部分。这个新理论与现有的理论之间的关系，就像牛顿力学与伽利略的下落物体理论和开普勒的行星轨道理论之间的关系一样。每一个都是正确的，并在某种意义上描述了在有限领域上的一个很好的近似，都能解决部分问题。但每一个又都有其局限性，无法形成完整的自然理论的基础。我相信，在现有的证据下，这是量子引力理论最有可能完成的方式。在后文中，我将描述一些证据，以及最近在统一弦理论和圈量子引力理论方面所取得的进展。

作为第一步，我们可以大致了解这两种理论是如何结合在一起的。当这种情况发生的时候，弦和圈会以很自然的方式在同一个理论中出现。这个问题的关键是我提到过的一个微妙之处。圈量子引力理论和弦理论都是在非常小的尺度上描述物理学的，大致相当于普朗克长度。但是确定弦大小的尺度并不完全等于普朗克长度。这个尺度叫作弦长。普朗克长度与弦长之比在弦理论中具有重要意义。它是一种指标，用来衡量弦之间的相互作用强度。当弦长比普朗克长度大得多时，这个指标的值就小了，弦之间的相互作用就不强烈了。

然后我们可以问哪个尺度更大。有证据表明，至少在我们的宇宙中，弦的尺度大于普朗克尺度。这是因为它们的比值决定了电荷的基本单位，而这本身就是一个很小的数字。然后，我们可以设想以圈为基本的场景，弦将作为通过自旋网络传播的小波或扰动的描述。由于弦的尺度更大，我们可以解释弦理论依赖一个固定的背景，这个背景可以由一个圈网络提供。弦似乎将背景视为一个连续的空间，因为它们无法探测到一定的距离，以便区分平滑的背景和圈网络（如图11-6 所示）。

一种说法是，空间可能是由圈网络"编织"而成的（如图 11-6 所示），就像一块布由线网络编织而成一样。这个类比相当精确。这种布料的特性可以用编织的方式来解释，也就是线是如何打结并互相连接的。同样，我们从一个大的自旋网络中编织出来的空间的几何形状，仅仅是由圈如何连接和相交决定的。

然后我们可以把一根弦想象成一个大圈，这个圈能够形成一种编织的刺绣。从微观的角度来看，弦可以通过它如何在编织中打结来描述。但在更大的尺度上，我们只会看到构成弦的圈。如果我们看不到构成空间的精细编织，弦就会出现在一些表面平滑的背景上。这就解释了背景空间中弦的图像是如何从圈量子引力中浮现出来的。

如果这是对的，那么弦理论将会是一种近似于用自旋网络来描述的更基本的理论。当然，仅仅因为我们可以论证这样一幅图景，并不意味着它可以在细节上工作。特别是，它可能不适用于任何形式的圈量子引力理论。为了使大的圈表现为弦，我们必须仔细选择圈量子引力理论的细节。不过，这是好事，因为它告诉我们关于世界的信息已经被弦理论揭示了，比如它是如何被编码的，以至于成为描述空间和时间的原子结构的基本理论的一部分。目前，一项研究计划正在进行中，旨在将弦理论和圈量子引力理论从本质上结合起来。最近，这项研究催生了一个新理论的发现，它似乎包含了弦理论和圈量子引力理论的形式。对该领域中的一些人来说，这看起来很有希望，但由于这是一项正在进行的工作，我在这里就不再多说了。

然而，如果这个程序真的起作用，它将完全实现我在第

9 章中讨论的关于对偶性的想法。它也将实现阿米塔巴·森的目标，因为整个圈量子引力理论方法源于他对量化超引力的努力，而超引力现在被认为与弦理论密切相关。

　　虽然我的假设还没有得到证实，但越来越多的证据表明，弦理论和圈量子引力理论可能描述的是同一个世界。在上一章中讨论的一个证据是，这两种理论都指向全息原理的某个版本。另一个证据是，同样的数学思想结构在两个理论中不断出现。例如其中一个叫作非交换几何（non-commutative geometry）的结构，该结构由法国数学家阿兰·孔涅发明，是一个关于把量子理论和相对论统一起来的想法。非交换几何的基本原理很简单：在量子物理学中，我们不能同时测量粒子的位置和速度，但至少可以精准地确定位置。请注意，确定一个粒子的位置实际上涉及三个不同的测量，因为我们必须测量粒子相对于三个轴的位置，这些测量产生了位置矢量（position vector）的三个分量。因此，我们可以考虑不确定性原理的扩展，即一个人一次只能精确地测量其中的一个分量，不可能被同时测量的两个量，被认为是不可交换的。这种想法引出了一种新的几何形式，即非交换几何。在非交换几何的世界里，一个人甚至不能定义某物体确切位置的点。

阿兰·孔涅的非交换几何给出了另一种方式来描述一个常规空间概念被打破的世界。这个世界里没有点，所以问一个给定区域是否有无穷多个点是没有意义的。不过，真正奇妙的是，孔涅发现，相对论、量子理论和粒子物理学的大部分内容都可以被带入这样一个世界，而且其结果是一个非常优雅的结构，似乎也直达数学中几个最深层的问题。

起初，孔涅的思想是独立于其他方法发展起来的。但在过去的几年里，人们惊奇地发现圈量子引力理论和弦理论都描述了一个非交换几何结构的世界。这为我们提供了一种新的语言来比较这两种理论。

测试弦理论和圈量子引力理论的方法是用两种方法描述同一物理现象。其中有一个明显的目标：描述量子黑洞的问题。从第5章到第8章的讨论中，我们知道主要的目标是用一些基本的理论来解释黑洞的熵和温度从何而来，为什么熵和黑洞视界的面积成正比。弦理论和圈量子引力理论都被用来研究量子黑洞，并且在过去几年里，两条路都取得了惊人的成果。

两条路的主要思想是一样的。爱因斯坦的广义相对论可以被看作一种宏观描述，是通过对时空原子结构的平均得到的，就像热力学是通过对原子运动的统计得到的一样。正如气体被粗略地用连续的量描述，例如密度和温度，在爱因斯坦的理论中没有提到原子空间和时间是连续的，也没有提到在普朗克尺度上可能存在的离散的原子结构。

有了这张概括性的图景，我们自然会问黑洞的熵是否可以用来测量黑洞周围空间和时间的精确量子描述所缺失的信息。黑洞的熵与视界的面积成正比这一事实应该是解释黑洞意义的重要线索。实际上，弦理论和圈量子引力理论都找到了一种方法利用这条线索来描述量子黑洞。

弦理论通过假设"黑洞熵测量的缺失信息描述了黑洞是如何形成的"，已经取得了很好的进展。黑洞是一个非常简单的物体。一旦形成，它就毫无特色。从外部只能测量它的少许性质，比如质量、电荷和角动量。这意味着一个特定的黑洞可能以许多不同的方式形成，例如一个坍缩的恒星，甚至从理论上来说通过压缩一堆科幻小说杂志到一个巨大的密度也可以形成黑洞。不过黑洞一旦形成了，我们就没有办法观察它的内部以及它是如何形成的了。它会发出辐射，但这种辐射是完全随机的，而且无法提供黑洞起源的线索。因此，关于黑洞如何形成的信息被困在黑洞内部。我们可以假设，黑洞的熵所测量的正是这些缺失的信息。

在过去的几年里，弦理论学家发现弦理论不仅仅是关于弦的理论。他们发现，量子引力世界里一定充满了新的物体，它们就像弦的高维版本，即弦在几个维度上延伸。无论它们的维数是多少，这些物体都被称为胚。这个术语是从膜（membranes）升华而来的，膜是指具有两个空间维度的物体。当发现新的方法来测试弦理论的自洽性时，胚就出现了，并且只有包含一组不同维度的新对象，才能使理论在数学上保持自洽。

弦理论学家发现，在某些非常特殊的情况下，黑洞可以通过聚集这些胚而形成。为了证明这一点，他们利用了弦理论的一个特征，即引力是可调的。引力是由某个物理场的值给出的。当这个场增强或减弱时，引力会变得更大或更小。通过调整场的值，打开和关闭引力是可能的。如果想要制造一个黑洞，首先要把引力场关掉，然后组装一套满足黑洞所需的质量和电荷的胚（膜）。当然，现在这个物体还不是黑洞，但可以通过调高引力的强度把它变成黑洞。

弦理论学家还不能详细地模拟黑洞形成的过程。因此，他们也无法研究由此产生的黑洞的量子几何。但是他们也可以做一些非常有趣的事情，那就是计算黑洞以这种方式形成的不同途径的数量，然后假设黑洞的熵就是这个数量的度量。这样，他们也就得到了黑洞的熵的正确答案。

　　到目前为止，这种方法只能研究非常特殊的黑洞，即一些电荷等于它们的质量的黑洞。这就是说，其中两个黑洞的电排斥与它们的引力吸引完全平衡。因此，一个人可以把其中两个黑洞放在一起，它们不会移动，因为它们之间没有合力。这些黑洞非常特殊，因为它们的性质受到电荷与质量平衡的强烈约束。不过这使得到精确的结果成为可能，并且一旦成功，其结果将会是惊人的。但我们目前还不知道如何将这种方法推广到所有的黑洞。实际上，弦理论学家可以做得更好，因为弦理论的方法可以用来研究电荷接近质量的黑洞。这些计算也得出了令人印象深刻的结果，特别是，它们再现了这些黑洞辐射公式中每一个 2 和 π 的系数。

　　关于黑洞的熵的另一个观点是，它不是一个制造黑洞的方法的计量，而是一个关于视界本身的精确描述的信息的计量。这是因为熵与视界的面积成正比。视界就像一个记忆芯片，每一个信息都有一个像素编码，每一个像素都占据一个区域 2 普朗克长度。这个观点已经被圈量子引力的计算证实了。

　　利用圈量子引力的方法，我们绘制了一幅详细的黑洞视界图。这项工作开始于 1995 年，先是受到了路易斯、特·胡夫特和萨斯坎德的启发，我决定尝试在圈量子引力中测试全息原理。我开发了一种研究边界和屏幕的量子几何的方法。正如前面提到的，结果总是证实贝肯斯坦界，因此编码到边界上的几何图形中的信息总是少于其总面积。

与此同时，卡洛·罗韦利正在绘制黑洞视界的几何图形。我们的研究生基里尔·克拉斯诺夫（Kirill Krasnov）向我展示了我所发现的方法是如何使卡洛的理论更加精确的。我很惊讶，因为我本以为这是不可能的。我担心不确定性原理会使在量子理论中精确定位视界变得不可能。但是基里尔忽略了我的担忧，并对黑洞的视界进行了生动的描述，成功解释了它的熵和温度。直到很久以后，波兰物理学家杰奇·莱万沃西（Jerzy Lewandowksi）才算出了在这种情况下如何规避不确定性原理。他为我们理解圈量子引力增加了很多内容。

基里尔的工作很出色，但有点粗糙。随后，阿布海·阿希提卡、约翰·贝兹、亚历扬德罗·科里希（Alejandro Corichi）和其他更有数学头脑的人加入了他的团队，并将他的见解发展成一种非常美丽而有力的对视界量子几何的描述。这一结果可以被广泛应用，并对在普朗克尺度上探测到的视界做了全面而完整的描述。

虽然这项工作对黑洞的适用范围比弦理论更大，但与弦理论相比，它确实有一个缺点：为使熵和温度变得合适，有一个常数需要调整。这个常数决定了在大尺度上测量的牛顿引力常数的值。结果是常数的值在比较普朗克尺度上的值和远距离上的值时有一个小的变化。这并不奇怪。当考虑到物质的原子结构的影响时，这种变化在固态物理学中经常发生。这种变化是有限的，对于整个理论来说，只需要做一次。它实际上等于 $\sqrt{3}/\log^2$。一旦完成，它就会给所有不同种类的黑洞带来结果，这个结果与我们在第 6 章到第 8 章中讨论过的贝肯斯坦和霍金的预测完全一致。

因此，弦理论和圈量子引力理论都为我们理解黑洞增加了重要的内容。有人可能会问，这两个结果之间是否存在冲突，到目前为止还没有人知道答案，这很大程度上是因为目前这两种方法适用于不同类型的黑洞。可以肯定的是，我们需要找到一种新的方法，能够扩展两者中的一种方法，并可以涵盖另一种方法所能涵盖的情况。当我们能够做到这一点时，就能够对圈量子引力理论和弦理论给出的黑洞图像是否一致做一个清晰的测试。

到目前为止，从微观角度来看，这就是我们对黑洞的全部了解了。虽然人们已经了解了许多事情，但也必须指出，一些非常重要的问题仍然没有得到解答。其中最重要的一点是，这些问题都与黑洞内部相关。量子引力对于黑洞内部的奇点区域应该有一定的意义，在那里物质的密度和引力场的强度变得无穷大。有人推测，量子效应将会消除奇点，而这一现象的一个后果可能是在视界内诞生一个新的宇宙。有人利用近似技术研究了这一观点，即对构成黑洞的物质进行了量子理论处理，但对时空几何的处理与经典理论相同。结果确实表明，奇点被消除了，但人们希望通过更精确的方式来证实这一点。不过，至少到目前为止，无论是弦理论还是圈量子引力理论，或者任何其他方法，都不足以研究这个问题。

1995 年以前，没有任何量子引力的研究方法可以详细描述黑洞。没有人能解释黑洞熵的含义，也没有人能告诉我们在普朗克尺度上黑洞是什么样子。而现在，我们有两种方法可以做所有这些事情，这两种方法至少在某些情况下是有效的。每次我们做有关黑洞的计算时，无论用两种方法中的哪种，都能得到正确答案。虽然有许多问题仍然无法回答，但我们还是得承认，我们最终获得了关于空间和时间本质的某些真实内容。

　　此外，弦理论和圈量子引力理论都成功地给出了关于量子黑洞的正确答案，这有力地证明了这两种方法可能揭示了单一理论的不同方面。就像伽利略的弹丸和开普勒的行星一样，越来越多的证据表明，我们通过不同的窗口看到的是同一个世界。为了找到伽利略的工作与开普勒的关系，伽利略只需要想象一下把一个球扔得足够远、足够快，就能变成一个月亮。而从开普勒的角度来看，他可以想象一颗在非常接近太阳的轨道上运行的行星，它在生活在太阳上的人看来会是什么样子。而现在，我们只需要问一下，一根弦是否可以由一个圈网络编织而成，或者，如果足够仔细地观察一根弦，我们是否可以看到圈的离散结构。我个人毫不怀疑圈量子引力理论和弦理论将会被看作一个理论的两个部分。无论这是需要另一个牛顿来解答，还是普通人也能够做到，都只有时间才能给出答案。

14
塑造当前宇宙的
力量究竟是什么

　　20世纪70年代，人们曾有一个终结物理学的简单梦想，即创立一个统一的理论，使其包含量子理论、广义相对论以及我们已知的各种粒子和力。这将不仅是一个万物理论，而且独一无二。我们会发现只有一个数学上自洽的量子理论可将基本粒子物理和引力统一起来。也许只有一种正确理论，我们本来是有可能创立这种理论的。因为该理论的独特性，它将没有自由参数，也没有可调质量或电荷。因为如果有参数需要调整的话，这个理论就会有不同的版本，也就不是唯一的了。只有普朗克尺度可用来衡量一切。该理论能够把任何实验的结果计算到想要的任何精确度。我们会计算电子、质子、中子、中微子和所有其他粒子的质量，并且结果将与实验完全相符合。

这些计算必须解释所观察到的粒子质量的某些非常奇怪的特征。例如，为什么质子和中子的质量在普朗克尺度上如此之小？它们的质量仅仅约为 10^{-19} 普朗克质量。如此之小的数字从何而来？它们是如何从没有自由参数的理论中产生的呢？如果空间的基本原子有普朗克尺度，那么我们就可预测基本粒子有相似的尺度。质子和中子比普朗克质量轻近 20 个数量级的事实似乎很难理解。但是因为这个理论是独一无二的，所以必须做到这一点。

弦理论创立的本意是希望它能成为最终的理论。弦理论潜在的独特性也使它具有研究价值，即使很明显它不会很快得到对粒子质量的预测，或者任何可以通过实验测试的结果。毕竟，如果真是一种独特的理论，它就不需要实验来验证，只需要证明它是一种数学上自洽的理论即可。一个独特的理论必须通过实验自动被证明是正确的，因此，对这个理论的检验是否需要几个世纪的时间是无关紧要的。如果我们接受这样一个假设，即存在一个独特的理论，就应该将精力集中于测试该理论的数学自洽性问题，而不是开发用于测试该理论的实验。

但问题在于，弦理论实际上并不是独一无二的。相反，它有大量的版本，并且每个版本都可达到数学自洽。从我们今天的观点来看，如果只考虑公开的结果，那么期望得到一种独特的正确理论将会是一个错误。在当前的弦理论语言中，我们还没有办法把任何一种理论从其他理论中挑选出来，因为所有分支理论都可达到数学自洽。并且，其中许多参数都是可以根据实验结果进行调整的。

回顾过去，很明显，一个独一无二的统一理论只不过是一个假设。没有任何数学或哲学原理可以保证只有一个数学上自洽的自然理论。事实上，我们现在知道不可能有这样的理论。例如，假设世界有一个或两个空间维度，而不是三个。鉴于此，我们构建了许多自洽的量子理论，其中包括一些涉及引力的理论，这些为各种研究项目做足了热身准备。把这些理论当作实验室，在该实验室中，我们能够在一个可以计算任何需要的东西的环境中测试新想法。不过，只有一种可能自洽的理论来描述具有两个以上空间维度的世界，这是非常可能的。但目前还不清楚为什么会这样。在没有任何相反证据的情况下，有许多描述一维和二维宇宙的自洽理论的事实使我们怀疑数学自洽性本身只允许一种自然理论的假设。

当然，还有一种可能，那就是弦理论并非最终理论。除了弦理论有很多版本之外，还有很好的理由让我们相信这一点：因为弦理论依赖于背景，它只能通过某种近似方案来理解。一个基本的理论需要背景独立，并且能够被精确地表述出来。因此，大多数研究弦理论的人现在都相信我在第 11章中描述的 M 理论猜想：有一种理论，它可以精确地、以一种独立于任何给定时空的方式写下来，并且可成功统一所有不同的弦理论。

这里有一些证据支持 M 理论猜想。许多物理学家，包括我自己，现在正试图构建这个理论。这里似乎有三种可能性：

1. 正确的自然理论不是弦理论。
2. M 理论的猜想是错误的：没有统一的弦理论，但是众多版本中的某一个会做出与实验一致的预测。
3. M 理论的猜想是正确的：有一个单一的统一理论，然而，它预测世界可能以许多不同的物理阶段出现，并且在这些阶段，自然法则似乎是不同的。我们的宇宙就是其中之一。

如果可能性 1 是正确的，那么我们所能做的就是把弦理论的故事作为一个警戒传说。抛开这个可能性而看其他的，如果可能性 2 是真的，那么我们将面临一个难题：究竟是什么或谁选择了那个适用于我们的世界的理论？在各种可能的自洽理论中，如何选择一个适用于我们的宇宙的理论？

这个问题似乎只有一个可能的答案。宇宙之外的东西做了选择。如果事情就是这样发展的，那么这一点会让科学转变为宗教。或者，更确切地说，用科学来论证宗教将是合理的。在神学领域，以及从某些科学家那里，我们已经听到了很多相关论述，即基于我们称之为人类观察（anthropic observation）的讨论。我们生活的宇宙似乎很特别，要使宇宙存在数十亿年并孕育出生命，就必须满足某些特殊条件：基本粒子的质量和基本力的强度必须与我们实际观察到的值非常接近。如果这些参数超出了某些狭窄的界限，宇宙就将不适合生命生存。这就提出了一个合理的科学问题：既然可能存在不止一个自洽的法则，为什么自然法则的参数恰好会落在生命所需的狭窄范围内呢？我们可以称之为人类问题（anthropic question）。

如果有不同的自洽的自然法则，但没有统一它们的框架，那么人类问题只可能有两种答案。其一，我们确实很幸运。其二，法则规定的任何实体都是为了生命的出现和存在。在这种情况下，我们有一个关于宗教的争论。这个争论是被神学家所熟知的"夹缝中的上帝"的争论的一个版本。如果科学提出了一个像人类为何会出现这样的问题，而这个问题不能通过遵循自然法则的过程来回答，则人们有理由求助于上帝这样的外部存在。这一观点的科学版本被称为强人择原理（strong anthropic principle）。

请注意，只有在除非通过调用宇宙之外某个实体的行为，否则没有办法解释自然法则是如何被选择的情况下，这个论证才有效。大家可能还记得我在这本书的开头强调的原则：宇宙之外没有任何东西。只要有一种不违反这一原则的方法来回答所有的问题，我们就是在做科学研究，就不需要任何其他的解释方式。因此，只有在没有其他可能性的情况下，强人择原理的论证才具有逻辑力量。

但还有另一种可能性，即可能性3。虽然有点像可能性2，但可能性3与可能性2之间有一个重要的区别。如果不同版本的弦理论描述了一个理论的不同阶段，那么在适当的情况下，宇宙就有可能从一个阶段过渡到另一个阶段。就像冰融化成水一样，宇宙可以从一个由弦理论描述的阶段"融化"为另一个由其他弦理论描述的阶段。但我们仍然有一个问题，为什么是这一个阶段描述了我们的宇宙，而不是另一个？这并不难解决，因为在这幅图景中，宇宙被允许随着时间的推移而改变。也有可能宇宙的不同区域以不同的阶段的形式存在。

考虑到这些可能性，至少有两种方法可以替代"夹缝中的上帝"的观点。其一，有一个过程创造了许多宇宙。现在我们不必担心这个过程是什么，因为宇宙学家已经找到了几种有吸引力的方法来创造一个不断更新的宇宙。大爆炸不是所有存在的事物的起源，而是一种相变。通过这种相变，在一个不同于原来的相的地方，一个新的空间和时间区域被创造出来，然后冷却和膨胀。在这种情况下，可能会有许多大爆炸，会产生许多宇宙。天体物理学家马丁·里斯（Martin Rees）对此起了一个好听的名字，他将整个系列称为"多元宇宙"（multiverse）。这个过程有可能以随机的相创造宇宙，每一个都由不同的弦理论控制。这些宇宙将有不同的维度和几何结构，也将有不同的基本粒子集合，这些粒子根据不同的定律相互作用。如果存在一个可调参数，那么每次创建一个新宇宙时，它都可能是随机设置的。

所以有关人类的问题有一个简单的答案。在所有可能存在的宇宙中，少数将拥有适合生命存在的法则。既然我们还活着，我们的宇宙自然就是其中之一。既然有很多的宇宙，我们就不必担心这些宇宙都不太适合生命存在，因为它们中

至少有一个非常适合。那就没什么好解释的了。马丁·里斯
如是说：如果有人在路边发现了一个包，里面装着一套非常
适合他的衣服，那就太奇怪了。但如果一个人走进一家服装
店，找到一套适合自己的衣服，那就没什么神秘的了，因为
店里有很多不同尺码的衣服。我们可以称之为夹缝中的上
帝，或者是弱人择原理（weak anthropic principle）。

　　这种解释的唯一问题是，很难看出它如何能被驳斥。只
要你的理论可以产生大量的宇宙，你只需要找出至少一个像
我们地球这样的宇宙即可。除了做出至少存在一个像地球这
样的宇宙的预测之外，这个理论没有做出其他任何预测。但
是我们已经知道了，所以没有办法反驳这个理论。这可能看
起来不错，但实际上并非如此，因为一个无可辩驳的理论不
能真正成为科学的一部分。它不能承载太多的解释力，因为
无论我们的宇宙有什么特征，只要它能被众多的弦理论之一
所描述，这个理论就无法被反驳。因此，它不能对我们的宇
宙做出新的预测。

　　是否可能有一种理论对人类问题给出科学的答案？这样
的理论可能是围绕着宇宙可以从一个相到另一个相进行物理
转换的可能性来构建的。如果能回溯到宇宙大爆炸之前的历
史，我们可能会看到一个或一系列不同的相，其中宇宙有不

同的维度，并似乎满足不同的规律。大爆炸将只是宇宙经历的一系列转变中最近的一次。即使每个相都可能被一个不同的弦理论所控制，整个宇宙的历史也会被一个单一的 M 理论所控制。然后，我们需要从物理学的角度来解释为什么宇宙"选择"以这样一个相存在。比如我们存在的这个相，成功存在并延续了数十亿年，并且孕育出了生命。这里有几种不同的解释，在我的另一本书《宇宙的生命》中有详细的描述，所以在这里我只简单介绍一下。

其二，新的宇宙可以在黑洞内部形成。在这种情况下，我们的宇宙将会有大量的子代，因为它至少包含 10^{18} 个黑洞。人们也可以推测，从旧宇宙到新宇宙的规律变化是很小的，因此重新形成的每个新宇宙的规律都与我们现存宇宙的规律很接近。这也意味着宇宙中新形成的规律与我们自己的规律没有太大的不同。有了这两个假设，一种类似于自然选择的机制就开始发挥作用，因为经过许多代之后，那些产生许多黑洞的宇宙将主宰宇宙的数量。该理论预测，一个随机选择的宇宙会比那些参数值略有不同的宇宙产生更多的黑洞。然后我们可以讨论，我们的宇宙是否满足这个预测。长话短说，到目前为止情况似乎就是这样。原因是碳化学不仅对生命有益，而且在形成大质量恒星并最终形成黑洞的过程中起着重要作用。然而，有几个可能的观测结果证明这个理论是错误的。因此，不同于"夹缝中的上帝"及其理论，这个理论很容易被反驳。当然，这就意味着它很可能被推翻。

这个理论的重要之处在于，它表明除了强人择原理和弱人择原理之外，还有其他的可能性。如果是这样，那些原理就没有逻辑力量了。除此之外，宇宙自然选择理论（cosmological nature selection）表明，物理学可以从生物学中学到关于科学解释方式的很多东西。如果我们想坚持自己的原则，即宇宙之外没有任何东西，则必须拒绝任何一种由一个外部存在给宇宙强加秩序的解释方式。有关宇宙的一切，必须且只能通过物理定律如何在其整个历史进程中起作用来进行解释。

生物学家已经就这个问题探讨了 150 多年，他们非常了解各种不同的机制的力量。通过这些机制，一个系统可以自我组织，其中包括自然选择，但这并不是唯一的可能性。最近人们发现了更多的自组织机制，其中包括自组织的批判现象，由佩尔·巴克（Per Bak）和他的合作者发现，并被许多人研究。理论生物学家斯图尔特·考夫曼（Stuart Kauffman）和哈罗德·莫罗维茨（Harold Morowitz）等人也研究过自组织的其他机制。因此，我们无法在此背景下考虑自组织机制的不足。这给我们的教训是，如果宇宙学要成为一门真正的科学，它就必须避免用外部存在来解释事物的本质。它必须从自己的角度来理解宇宙，就像地球的生物圈从化学反应开始，经过数十亿年的发展而形成一样。

把宇宙想象成类似于生物圈或生态系统的存在，可能看起来奇幻至极，但以自组织过程的力量创造一个极其美丽和复杂的世界的过程，却是我们所拥有的最好实例。如果要认真对待这一观点，我们应该问，是否有证据支持这一观点？宇宙的任何方面以及支配它的法则都需要用自组织机制来解释吗？我们已经讨论了其中的一个证据，那就是人类观察：基本粒子质量和基本力强度的明显不可能值。我们可以估计出，如随机选择基本粒子和宇宙学的标准理论中的常数，就可能产生一个碳化学的世界。这个概率小于 $1/10^{220}$。但如果没有碳化学作用，宇宙形成大量质量足够大的恒星从而形成黑洞的可能性就会大大降低，生命也不太可能存在。这是一些自组织机制的证据，因为所谓的自组织系统就是一个能够从普遍配置进化到特殊配置的系统。因此，我们能给出的最好的论证是，这样一种机制在过去起过作用的话，它必须包含两个部分：其一，系统以某种极不可能的方式构建；其二，外部的任何行动都不能将组织强加给系统。在我们的宇宙中，我们把第二部分作为一个原则。然后，我们满足了这两方面的论证，并证明寻找自组织机制来解释为什么自然法则中的常数被如此不可能地选择是合理的。

但同样的结论还有更好的证据。它就在我们面前，如此熟悉以至于一开始很难理解它也是一个巨大的非概率结构。这就是空间本身。一个简单的事实是，世界由一个三维空间组成，这个空间在几何上几乎就是欧几里得空间，它向四面八方延伸出巨大的距离，这本身其实是一种极不可能的情况。它可能看起来很荒谬，但之所以这样，是因为我们在精神上已经非常依赖牛顿的世界观。因为宇宙的安排有多大的可能性是无法事先回答的，而是取决于我们对空间的理解。在牛顿的理论中，我们假设世界处在一个无限的三维空间中。在这个假设下，我们感知周围的三维空间向各个方向无限延伸的概率是百分之百。当然我们知道空间不完全是欧几里得的，只是近似的。在大尺度上，空间是弯曲的，因为引力会使光线弯曲。由于这直接与牛顿理论的预测相矛盾，我们可以推断，牛顿理论错误的可能性是百分之百。

在爱因斯坦的时空理论中提出这个问题有点难，因为这个理论有无数的解。在许多解中，空间是近似平滑的，但在另外那些解中，空间是不平滑的。考虑到每个例子的数量都是无限的，如果随机选择一个解，那么要问产生的宇宙近似三维欧几里得空间的可能性有多大并不容易。

在量子引力理论中，这个问题却比较容易提出。要提出这个问题，我们就需要一种不假设空间存在任何经典的背景几何的理论形式。圈量子引力理论就是一个例子。正如第 9 章和第 10 章中解释的那样，空间有一个原子结构，并且可以用罗杰·彭罗斯发明的自旋网络来描述。正如我们所了解到的，空间几何每个可能的量子态都可以被描述为一幅图（如图 10-2 到 10-5 所示）。然后我们可以提出这些问题：这样一个图表示空间的几何形状的可能性有多大？像我们这样生活在一个比普朗克尺度大得多的尺度上的观察者，会认为它是一个近似欧几里得几何的三维空间吗？自旋网络图上的每个节点对应的体积大概是普朗克长度的三次方。那么每立方厘米就有 10^{99} 个节点。宇宙至少有 10^{27} 厘米大小，所以它至少有 10^{180} 个节点。空间看起来像一个近似平滑的欧几里得三维空间的可能性有多大，这个问题可以这样陈述：一个有 10^{180} 个节点的自旋网络有多大可能代表一个平滑的欧几里得几何？

答案是，非常不可能！这里有一个类比来帮助我们理解其可能性有多小。为了表示一个明显平滑的、更少特征的三维空间，自旋网络必须有某种规则的排列，就像晶体。欧几里得空间中的任何位置都没有什么区别于其他位置的特别之处。对于这样一个空间的量子描述，至少在一个很好的近似值上也是如此。这样的自旋网络一定是类似于金属的。金属看起来很光滑，是因为它的原子是规则排列的，从而由包含大量原子的近乎完美的晶体组成。所以我们问的问题类似于宇宙中所有原子像金属一样排列成晶体结构，并从宇宙的一端延伸到另一端的可能性有多大。自然，这是极不可能的。但是每个原子内部大约有 10^{75} 个自旋网络节点，所以它们都有规律排列的概率小于 $1/10^{75}$。

不过这也有可能是被低估了，可能性并不是那么小。有一种方法可以确保宇宙中所有的原子都排列在一个完美的晶体中，那就是将宇宙冻结到绝对零度，并使其压缩，使其密度大到足以使氢气形成固体。所以，也许代表世界几何的自旋网络是有规律地排列的，因为它是冻结的。

我们可以讨论一下这种可能性有多大。我们可以推断，如果宇宙完全是偶然形成的，它的温度处于最高可能温度的合理部分。最高可能温度是气体所具有的温度，其每个原子的质量和普朗克质量一样并且以相当于光速的速度运动。原因是如果温度超过了普朗克温度，分子就会坍缩成黑洞。现在，为了让空间中的原子有一个规则的排列，温度就必须远远小于这个最高温度。事实上，宇宙的温度是普朗克温度的 10^{-32} 倍。一个随机选择的宇宙，达到这个温度的概率小于

$1/10^{32}$。所以，我们得出的结论是，宇宙如此寒冷的可能性非常小。

无论我们以何种方式进行估算，都会得出这样的结论：如果空间确实有一个离散的原子结构，它的原子就极不可能具有我们所观察到的那种完全平滑和有规律的排列属性。这确实需要解释。如果不是某个外部存在选择了宇宙的态，那么一定存在某种自我组织的机制在过去起作用，将世界推向了这种难以置信的态。宇宙学家研究这个问题已经有一段时间了。有人提出了一种解决办法叫膨胀机制（inflation）。通过这种机制，宇宙可以以指数级速度快速膨胀，直到它变成我们今天所观察到的平滑的、近似欧几里得几何的宇宙。膨胀理论解答了部分问题，但它本身需要某些不太可能具备的条件。要使膨胀发生作用，宇宙必须在至少是普朗克尺度 10^5 倍的尺度上保持平滑。而且据我们所知，膨胀至少需要两个参数的微调。其中之一是宇宙常数，它必须比量子引力理论中的自然值的 10^{-60} 还小。另一个是某种力，在许多膨胀理论的版本中，这个力不能超过 10^{-6}。最终的结果是，要使膨胀起作用，我们需要一种可能性不超过 10^{-81} 的情况。即使我们不考虑宇宙常数，我们仍然需要一个概率不超过 10^{-21} 的情况。因此，膨胀理论可能是答案的一部分，但它不可能是完整的答案。

在比普朗克尺度大得多的尺度上，能够让空间看起来非常平滑和有规律的这种自组织的方法有可能成立吗？这个问题激发了最近的一些研究，但到目前为止还没有明确的答案。但如果我们要避免诉诸宗教，那么必须找到这个问题的答案。

空间最不可能、最令人费解的方面就是它的存在。我们生活在一个表面光滑、规则的三维世界这一简单事实，代表了发展中的量子引力理论面临的最大挑战之一。如果你环顾世界想寻找神秘现象，你可能会想到，最大的神秘现象之一就是我们生活在一个可以环顾四周、想看多远就能看多远的世界。量子引力理论的伟大胜利可能就是向我们解释为什么会这样。如果不是，那么那个说上帝就在我们周围的神秘主义者会证明他是对的。但其实，即使我们对空间的存在找到一种科学解释，并消除这样一个有神论的神秘主义者的船帆上的风，仍会有一些神秘主义者鼓吹：上帝才是宇宙整体自组织的力量。在任何一种情况下，量子引力理论能给世界的最大礼物就是重新认识到世界的存在是一个奇迹，并提供一种新的信念，这种新的信念至少可以帮助我们理解这个谜团的一些微小方面。

量子引力理论未来的种种可能性

如果我的工作做得够好，那么你们将能够理解我们这些旨在完成 20 世纪物理学革命的人所提出的问题。我不知道以上所讨论的理论有多少是正确的，但我希望你们至少能理解什么是重要的，以及当我们终于发现量子引力理论的时候将意味着什么。我个人的观点是，这里讨论过的所有想法都将成为宏大图景的一部分，这也是我将它们全部写在此书中的原因。我希望我对自身观点的表达已经足够清楚，你们读过之后能够毫不费力地将它们与量子理论和广义相对论等已经确立的科学领域区分开来。

不过，最重要的是，我希望你们能够相信，支持我们寻找基本的法则和原理是值得的。因为我们的研究团队完全依赖于整个领域的支持，这种依赖是双重的。首先，对于空间和时间是什么，或者宇宙从哪里来这类问题，我们不是唯一关心的一批人，这一点很重要。当写第一本书的时候，我很担心自己没有把写书的时间用在科学研究上。但事实相反，我发现自己从与那些真正花时间去关注我们所做的事情的普通人的互动中获得了巨大的能量。与我交谈过的其他人也有同样的经历。最令人兴奋的事情莫过于把科学的最前沿信息传递给公众，然后发现到底有多少人关心我们的成败。如果没有这种反馈，我们就有可能变得陈腐和自满，只会以学术的狭隘标准看待自己的贡献。为了避免这种情况发生，我们必须保持一种信念，即我们的工作让我们接触到了关于自然的真实事物。许多年轻科学家都有这种信念，但在当今竞争激烈的学术环境中，要在一生的研究中保持这种信念并不容易。也许没有什么比与那些只带着强烈的学习欲望的人交流更能重拾这种信念了。

　　其次，我们大多数人除了这项工作外基本什么都没有做。由于我们没有什么可推销的，所以要依靠社会来慷慨支持我们的研究。与医学研究或基本粒子物理实验相比，我们的研究并不昂贵，但这并不能保证它的安全性。当今的社会环境中，研究的大方向是支持那些大型的、昂贵的科学项目，这些项目带来的资金水平可以促进那些决定支

持哪种科学的人的职业发展。负责任的人也不会轻易将资
金投入量子引力等高风险领域，因为迄今为止，量子引力
还没有得到实验支持。最后，学院政治不但没有带来解决
问题的方法，反而限制了其多样性。随着越来越多的职位
被指定用于大型项目的建立和研究，可供年轻人研究自己
想法的职位相应减少。不幸的是，这就是近年来量子引力
研究的趋势。虽然这不是有意的，但它是衡量负责资金分
配的官员和院长是否成功的程序导致的明显后果。如果不
是因为一些负责资金分配的官员、部门负责人的原则承诺，
以及一些私人基金会的支持，这种高风险低回报的研究怕
是会有消失的危险。

的确，如果说量子引力研究不是高风险的话，那就不会
有任何别的研究称得上高风险了。实验测试的缺乏意味着大
批人可能工作了几十年，却发现他们完全是在浪费时间，或
者至少没有做出什么成绩，只是消除了最初看起来对该理论
有吸引力的可能性。从社会学的角度来看，弦理论目前看
起来很好，大约有 1 000 名研究人员；圈量子引力理论是
强大的，但研究人员少得多，只有大约 100 名；其他方向，
比如彭罗斯的扭量理论，就只有极少数人在做相关研究。但
30 年后，重要的将只是哪些理论、哪些理论的哪些部分是
正确的，其他的根本无关紧要。并且，一个人的好想法仍然

值得数百人逐步推进，即使甚至不能解决基本问题。所以我们不能让学院政治的影响过度扩展，否则我们最终都会做同一件事，做同一种类型的研究。如果这种情况真的发生了，那么一个世纪后的今天，人们可能还在写关于量子引力的基本问题的书。如果要避免这种情况，那么所有的好想法都必须保留下来。更重要的是，要保持一种氛围，让年轻人觉得自己的想法有一席之地，不管最初的可能性有多小，也不管它们看起来离主流有多远。只要年轻的科学家还有提出新问题和聪明想法的空间，我认为就没有什么能阻止量子引力研究继续下去，直到我们有一个完整的量子引力理论。

　　在结束这本书的时候，我想勇敢地站出来陈述我尚未表述的观点，并对量子引力的问题最终将如何解决做一些预测。我坚信，我们在过去 20 年取得的巨大进步，最好的例证就是这样一个事实：现在我们可以对寻找量子引力的最终途径进行有根据的猜测。而就在不久之前，我们所能做的仅仅是提出一些没有明显错误的想法。现在，我们已经提出了几项看起来足够正确、足够有力的提议，并且基本是正确的。我在这本书中展示的图景是认真考虑后把所有这些想法组合起来的结果。本着同样的精神，我提出了以下关于当前物理学革命将如何结束的设想。

- 弦理论的某种版本在近似水平上仍然是正确的描述，在这个水平上，量子物体在经典时空背景下运动。但是基础理论和现有的弦理论完全不同。

- 全息原理的某种版本将被证明是正确的，并会成为新理论的基础原理之一。但它不会是第 12 章中讨论的强全息原理。

- 圈量子引力理论的基本结构将为基础理论提供模板。量子态和量子过程将以如自旋网络这样的图的形式表示。除了作为近似外，不会再有连续的空间或时空的几何概念。包括面积和体积的几何量，将会被量子化，并得出最小值。

- 其他一些量子引力的方法将在最终的理论整合中起到重要作用，其中包括罗杰·彭罗斯的扭量理论和阿兰·孔涅的非交换几何。这些将会对时空量子几何的本质提供基本的见解。

- 目前量子理论的形式将被证明不是基本的，它将首先让位给第 3 章中讨论的关系量子理论，并将用拓扑斯理论的语言表达。但过一段时间后，该关系量子理论又将被重新表述为一个关于事件之间信息流动的理论。最后的理论将是非局域的，或更准确地说，是局域外的，因为空间本身将只被看作对某种宇宙的一种适当的描述。同样，像热和温度这样的热力学量只有在包含许多原子的系统的平均描述中才有意义。在最终的理论中，"态"的概念不会再有位置，它将围绕过程的概念和它们之间传递的信息在内部进行修改。

- 因果关系将是基础理论的一个必要组成部分，而这个基础理论将用离散事件及其因果关系来描述量子宇宙。因果关系的概念将在空间不再是一个有意义的概念的水平上继续存在。

- 最终的理论也无法预测基本粒子质量的唯一值，但该理论会为基础物理中的这些基本粒子质量和其他物理量提供一组可能的值。对于我们观察到的参数值，将会有一个理性的、非人为并且可证伪的解释。

- 在 2010 年到 2015 年左右，我们将建立量子引力理论的基本框架。剩下的最后一步就是去研究如何用量子时空的语言重新表述牛顿的惯性原理。虽然要想解决所有的问题还需要很多年的时间，但基本框架将是如此引人注目和自然而然，一旦建立，它就将保持不变。

- 在这个理论问世的 10 年之内，将会有新的实验被设计出来，并用于对该理论进行测试。量子引力理论将对早期宇宙进行预测，并将通过对大爆炸辐射

的观测进行测试，其中包括宇宙微波背景辐射和引
力辐射。

- 到 21 世纪末，世界各地的高中生都将学习量子引
力理论。

1999 年秋，我开始撰写这本书，2000 年 10 月，我把最终修订版发给了出版商。从那以后，这个领域在通向量子引力的道路上取得了巨大的进展。

最令人兴奋的进展莫过于现在有可能观察到空间本身的原子结构。我曾在第 10 章末尾简要地提到了这种可能性。而现在有更有力的证据表明，通过目前的实验可以观察到空间的原子结构。事实上，乔瓦尼·阿米力诺－卡米利亚和茨维·皮兰（Tsvi Piran）已经指出，空间的原子结构可能已经被成功观察到了。

这些新发现的潜在重要性不低于物理学

史上的任何发现，因为如果这些新发现的含义与我们所预测的一样，它们将标志着物理学一个旧时代的终结和一个新时代的开始。

　　尽管宇宙浩瀚无垠，但它绝不是空的。即便是看起来什么都没有的地方，也充斥着辐射。据我们所知，辐射以几种不同的形式在星系之间的空间传播。其中一种被称为宇宙射线（cosmic rays），由高能粒子组成。这些粒子似乎主要是质子，同时混合了较重的粒子。这些宇宙射线在太空中的分布是均匀的，这表明它们来自银河系以外。科学家已经观察到，这些宇宙射线以超过 1 000 万倍于最大粒子加速器所能达到的能量在撞击着地球大气层。

　　人们通常认为，这些宇宙射线产生于某些星系中心的高能量事件，这些高能量事件扮演着自然粒子加速器的角色。这些射线来自巨大的磁场区域，很可能由一个超大质量的黑洞产生。这些东西曾经只存在于幻想中，但现在我们有越来越多的证据证明它们真实存在。虽然我们还不确定对于宇宙射线起源的理解是否正确，但这些高能量的射线最可能来自银河系以外的遥远地方。

　　那么我们来研究一下从遥远的星系向我们移动的最高能

的宇宙射线质子。它们运动的能量大约是质子能量的 10^{10} 倍，或者是最大的人造粒子加速器能量的 1 000 万倍。这些质子的运动速度非常接近光速。当质子运动时，它会遇到另一种填满了星系之间的空间的辐射——宇宙微波背景辐射（cosmic microwave background）。

宇宙微波背景辐射是微波浴，我们认为这是宇宙大爆炸遗留下来的残余物。据观察，这种辐射从四面八方均匀地向我们袭来，带着十万分之几的微小偏差。它现在的温度只比绝对零度高 2.7 度，但它曾经至少和恒星的中心一样热，只是随着宇宙膨胀冷却到了现在的温度。考虑到我们可从宇宙的各个方向观测到它的均匀性，那么这种辐射一定会占据所有的空间。

因此，宇宙射线质子在穿越太空时会遇到来自宇宙微波背景辐射的光子。大多数情况下，这些相互作用不会导致任何后果，因为宇宙射线质子的能量和动量比它遇到的光子大得多。但如果质子有足够的能量，它有时会产生另一个基本粒子。当这种情况发生时，宇宙射线的运动速度就会减慢并损失能量，因为产生新粒子需要能量。

以这种方式产生的最轻的粒子叫作介子（pion）。利用物理学的基本定律，包括爱因斯坦的狭义相对论，人们可以对宇宙射线质子和来自宇宙微波背景辐射的光子相互作用形成介子的过程做出一个简单的预测。即存在某种能量阈值（threshold），如果质子所含能量超过这一阈值就很可能产生新的粒子。所含能量超过这一阈值的质子将继续以这种方式相互作用，每次都会损失能量，速度减慢，直到其能量下降到阈值以下。

这相当于征收 100% 的税。假定税收起征点为 10 亿美元，并且超过 10 亿美元的所有收入将被征收 100% 的税。那么没有人一年的收入会超过 10 亿美元，因为超过 10 亿美元的收入都要交税。上述情况就像是对能量征收 100% 的税，因为宇宙射线质子可能拥有的超过阈值的所有能量都将通过与宇宙微波背景辐射相互作用产生介子的过程被移除。

这说明宇宙射线质子不能以大于阈值的能量撞击地球。质子在旅程中有足够的时间将额外的能量移除以产生多个介子。

我想强调的是，这个预测来源于经过严格检验的狭义相对论定律，因此，结果是非常可靠的。从而，当格雷森

（Greisen）、扎特林（Zatsepin）和库兹明（Kuzmin）这三位俄罗斯物理学家在 20 世纪 60 年代提出这个预测时，该预测在科学界就非常受欢迎。研究人员没有理由认为宇宙射线质子的能量会超过阈值。

格雷森、扎特林和库兹明的预测虽然令人信服，但结果被证明是错误的。在过去的几年中，人们看到了许多能量超过阈值的宇宙射线。这一惊人的消息激励了该领域的科学家。这些宇宙射线被称为超高能量宇宙射线，简称 UHECR，是一种极端现象。

对于这种效应，有三种解释。第一种是天体物理学的解释。该解释指出，宇宙射线，或者至少是那些能量超过阈值的射线，是在我们的星系中产生的，并且距离我们足够近，以至于这种效应可能并没有移除它们所有的多余能量。第二种是物理学的解释。这种解释假设构成超高能宇宙射线的粒子不是质子，而是更重的粒子。它们不会因为与宇宙微波背景辐射相互作用而损失能量，相反，会随着时间的推移而衰变，从而产生我们观察到的质子。然而，它们的寿命被假定是非常长的，因此它们能够在衰变前旅行数百万年。

这两种解释似乎都有些牵强附会。因为既没有证据表明附近有宇宙射线源，也没有证据表明存在如此重的超稳定粒子。此外，这两种解释都需要对参数进行仔细调整，使其等于一个不寻常的值，这样才能与这些观察结果相吻合。

第三种解释与量子引力有关。我在第 9 章和第 10 章中描述过的圈量子引力理论所预测的原子结构，有望调整控制基本粒子相互作用的定律。这种调整的效果是改变阈值的大小，结果可能是将阈值提高到足以解释到目前为止所做的所有观察。

这种解释导致了新的预测。首先，这一阈值可能更高，因为在新的实验中，我们将能够探测到更高能量的宇宙射线。其他两种解释都与此不同。其次，这种效应必须是普遍的，因为时空的量子几何结构必须影响所有运动的粒子。因此，在其他粒子中也必须看到同样的效应。

事实上，在一个案例中也可能观察到类似的效应。充满能量的半衰期（busts）光子到达地球，这些半衰期被称为 γ 射线半衰期（gamma ray busts）和火焰期（blazars），它们被认为起源于银河系以外的遥远地方，在到达地球之前就已经旅行了数十亿年。关于这些光子的起源有些争议，但它们的确可能是中子星或黑洞碰撞的结果。出于类似的原因，其中能量最强的光子会受到一个阈值的限制，因为它们可能与来自宇宙中所有恒星的漫射星光的背景相互作用。就像宇宙射线一样，光子的能量已经超过了这个阈值，并来自一个叫作马卡良 501（Markarian 501）的天体。

因此，量子引力有可能成为一门实验科学。这是可能发生的最重要的事情。这意味着实验相关性将成为决定量子引力理论正确性的一个因素，而不是个人品位或同行压力。

此外，在过去的几个月里，量子引力理论展现了一种惊人的含义，即光速可能取决于光子携带的能量大小。这种效应似乎是光与空间原子结构相互作用的结果。它是微小的，因此并不与迄今为止所有观测得出的光速恒定的结论相矛盾。但是对于在宇宙中传播非常远的光子来说，其累积起来会产生显著的影响，以至于可以用目前的技术观测到。

这种效应很简单。如果较高频率的光比较低频率的光传播速度略快，那么如果我们观察到来自很远地方的非常短的光爆发，较高能量的光子应该比较低能量的光子略早到达。这可以在 γ 射线爆发中观察到。虽然这种效应还没有被发现，但是如果它确实存在的话，人们在未来的实验中应该可以观察到。

起初我完全被这个想法震惊了。这怎么可能是正确的呢？基于光速恒定假设的相对论，才是我们理解空间和时间的基础啊！

但正如一些更聪明的人向我解释的那样，这些新的发展并不一定与爱因斯坦的相对论相悖。爱因斯坦阐述的基本原理，如运动的相对论，可能仍然正确。仍然存在一种普遍的光速，即能量最小的光子的速度。这些发展意味着，爱因斯坦的观点必须深化，把时间和空间的量子结构考虑进去，一如当年爱因斯坦深化了笛卡尔和伽利略关于相对运动的理论一样。也许是时候对运动是什么再加深一层理解了。

究竟该如何修改相对论是当前的一个热门话题。有些人认为，必须修改狭义相对论以解释圈量子引力理论所预测的时空原子结构。因为根据圈量子引力理论，所有观察者都能看到小于普朗克长度的空间的离散结构。这似乎与相对论相悖，因为根据相对论，不同的观测者测量的长度是不同的，这就是著名的长度收缩效应（length constraction effect）。其中一个解决方案是，修改狭义相对论，使其有一个长度尺度，或一个能量尺度，使所有观察者的观察结果一致。这样，即使对于所有其他长度，不同的观察者测量到的值并不同，但对于普朗克长度，大家得到的结果应该是一致的。正如伽利略和爱因斯坦所提出的那样，运动的相对论仍然存在，只是会得出一个结果，即光速可能在较小程度上与能量有关。

我同时从几个人那里听说了相对论可能会发生这些新变化，比如乔瓦尼·阿米力诺－卡米利亚、朱立克·科瓦尔斯基－格利克曼（Jurek Kowalski-Glickman）和若昂·马京乔（Joao Magueijo）。起初，我告诉他们这是我听过的最疯狂的事情，但我当时在伦敦的同事若昂很有耐心，多次给我讲解，直到我终于理解了它。从那以后，我看到其他人也经历了同样的由不接受到理解的过程。实际上，观察托马斯·库恩（Thomas Kuhn）著名的行动范式转变还是很有趣的。

另一个热门话题是，光速随能量变化而变化是否会影响我们对宇宙历史的理解。假设光速随着能量的增加而增加，这不是唯一的可能性，但根据我们的观察，到目前为止这很有可能发生。当宇宙处于早期阶段时，平均光速会更高，因为那时宇宙非常热，而热光子有更多的能量。这个想法有可能解决一些宇宙学家非常关心的难题，例如，为什么早期宇宙中所有地方的温度几乎都是一样的？尽管事实上还没有时间让所有区域相互作用。如果那时的光速比我们目前认为的要快，那么宇宙的所有部分就可能都有时间接触，这个谜团就迎刃而解了！事实上，安德鲁·阿尔布雷克特（Andrew Albrecht）和若昂·马京乔等宇宙学家早已经推测过这种可能性了。

这些谜题激发了"膨胀理论"，该理论假设宇宙在其历史早期以指数级的速度膨胀。这个理论已经取得了一些成就，但它与相对更基本的量子引力理论之间的联系仍有一些悬而未决的问题。有趣的是，一个基于量子引力理论的新想法已经出现，有可能解决这个难题。这是件好事，因为这是一种新的观测，并且可以判断哪种解决方案是正确的。用实验来对比两种相互竞争的理论往往比用实验来证明一种理论的对错要容易得多。当然，实验也可能会证明这两种理论的某种结合是正确的。

但最重要的是，新的观测提供了支持或反对量子引力对光传播有影响的证据，为证明这本书中描述的理论的有效性提供了机会。例如，弦理论和圈量子引力理论可能会对这些实验结果做出不同的预测。圈量子引力理论似乎需要在狭义相对论中进行修改。而弦理论，至少在它最简单的版本中，需要假设不管在多小的尺度上狭义相对论都是正确的。

这的确是个好消息，因为一旦实验之光被点燃，诸如学术政治等的社会学力量就必须缩回去，因为自然的判断取代了权威的判断。

这并不是唯一一个宇宙学观测和基本理论相互冲突的地方。还有一个更令人兴奋，也可能会令人不安的情况，与宇宙常数（cosmologica constant）有关。该情况指的是一种可能性，即真空可能具有非零的能量密度，爱因斯坦首先发现了这种可能性。这种能量密度对宇宙膨胀的影响是可以观测到的。

这种可能性一旦被接受，就会导致理论物理学的重大危机。原因是，对于这个真空能量密度的值来说，最自然的可能性是它是巨大的，甚至比观测值大 10^{100} 倍以上。确切的值，也就是宇宙常数的值，是目前的理论所无法预测的。事实上，我们可以调整一个参数来得到想要的宇宙常数的任何值。问题是，为了避免宇宙常数过大，参数必须调整到至少有 120 位小数的精度。怎样才能进行如此精确的调整，科学家至今仍无法解决。

这可能是基础物理学所面临的最严重的问题，而且最近情况变得更糟了。直到几年前，几乎所有人还都相信，即使经过非常精确的调整，最终宇宙常数也只会是 0。虽然我们不知道为什么宇宙常数是 0，但至少 0 是一个简单的答案。然而，最近的观测表明宇宙常数不是 0，而是一个很小的正数。这个值在基础物理学的尺度上是很小的。在普朗克单位中，它大约是 10^{-120} 普朗克单位（或 0.0000……在遇到非零数字之前有 120 个零）。

但是，即使以基本单位来衡量，这个数值很小，也足以对宇宙的演化产生深远的影响。这个宇宙常数会使真空的能量密度大约等于现在所观测到的其他能量密度的两倍。这可能看起来十分令人惊讶，但关键是，目前观测到的所有物质的能量密度都非常小，这是因为宇宙非常古老。以基本单位来衡量，它目前的年龄大约是 10^{60} 普朗克时间单位。而且，宇宙一直在膨胀，所以物质的密度是在减小的。

但是据我们所知，宇宙常数产生的能量密度不会随着宇宙的膨胀而减小。这就引发了一个非常令人不安的问题：为什么在我们所生活的这个时代，物质密度已经被稀释到与宇宙常数产生的密度具有相同数量级的程度？

我不知道这些问题的答案。我想其他人也不会知道，尽管可能有一些人会产生一些很有意思的想法。

　　宇宙常数不为零这一事实对量子引力理论有着重大影响。原因之一是它似乎与弦理论不相容。事实证明，弦理论需要自洽的数学结构，也就是所谓的超对称，以允许宇宙常数存在，但仅限于这个常数与被观察到的那个符号相反的情况下，即宇宙常数为负。弦理论中有一些关于负宇宙常数的有趣研究，但是到目前为止没有人知道，当宇宙常数为正的时候，如何写出自洽的弦理论，即使正宇宙常数已被观测到。

　　我不知道这个障碍是否会扼杀弦理论，但我知道弦理论学家们足智多谋，他们经常扩展弦理论的定义，使其包含许多曾经被认为不可能的情况。但弦理论学家们仍然很担心，因为如果真如天文学家们所认为的，弦理论不能与正宇宙常数相容，那么弦理论必死无疑。

　　正宇宙常数会困扰包括弦理论在内的量子引力理论，还有一个原因。随着宇宙的持续膨胀，物质产生的能量密度将继续减小。但是宇宙常数被认为是稳定的。这就意味着将来会有一段时间，宇宙常数将构成宇宙中大部分的能量密度。在此之后，膨胀会加速，实际上，其效果与早期宇宙的膨胀非常相似。

在一个膨胀的宇宙中做一个观察者，就是身处一个非常糟糕的环境中。随着宇宙膨胀，我们能看到的宇宙的部分会越来越少。因为光跟不上膨胀的加速度，来自遥远星系的光将无法再抵达我们。这就好像宇宙中的大片区域落在黑洞的视界后面。遥远的星系将一个接一个地越过视界，到达光再也无法抵达我们的区域。由于这个数值是经过测量的，因此，在一个星系中，仅仅需要几百亿年的时间，观察者就将看不到任何东西，除了他们自己的星系。

在这样一个宇宙中，第1—3章考虑的情况是至关重要的。一个观察者只能看到宇宙的一小部分，而这一小部分只会随着时间的推移而减少。不管我们等多久，我们都不会比现在看到更多的宇宙。

汤姆·班克斯（Tom Banks）很好地解释了这一原理。膨胀的宇宙中任何观察者可能看到的信息量都是有限的。其限制是，每个观察者可以看到不超过 $3\pi/G^2L$ 位的信息，其中 G 是牛顿常数，L 是宇宙常数。拉斐尔·布索（Raphael Bousso）称之为 N 界（N-bound），并且他认为这个原理可能是由一个与贝肯斯坦界密切相关的论证推导出来的，这个论证在第 8 章和第 12 章都有描述。这一原理似乎是热力学第二定律所要求的。

随着宇宙的膨胀，我们期待它包含越来越多的信息。但是根据这个原理，任何给定的观察者都只能看到 N 界给出的固定数量的信息。

在这种情况下，量子理论的传统构想就失败了，因为其假设一个观察者如果有足够的时间，就可以看到宇宙中发生的任何事情。在我看来，除了采用我在第 3 章中描述的程序（由福蒂尼·马可波罗 – 卡拉马拉提出）之外，别无选择，只能用宇宙内部观察者能够看到的东西来重新定义物理学。因此，马可波罗的提议得到了弦理论和圈量子引力理论两个领域的研究者的更多关注。

到目前为止，还没有人提出关于如何用这种方式重新表述弦理论的提议。而安德鲁·斯特罗明格（Andrew Strominger）的新提议可能是实现这一构想的一个可行步骤。他成功地用一个正宇宙常数，将全息原理应用于时空。

与此同时，圈量子引力理论与量子理论的这种重新表述显然是兼容的，因为量子理论的重新表述是完全背景独立的，并且其因果结构在普朗克尺度上仍然存在。

实际上，班克斯的 N 界很容易从圈量子引力理论中推导出来，使用的方法与描述黑洞视界量子态的方法相同。此外，圈量子引力理论中对量子宇宙有一个完整的描述，其中充满了正宇宙常数。这是由日本物理学家小玉英夫（Hideo Kodama）发现的某种数学表达式得出的。利用小玉英夫的表达式，我们能够回答以前无法解决的问题，比如爱因斯坦广义相对论的理论是如何从量子理论中产生的。因此，至少在我们目前的知识阶段，弦理论在引入正宇宙常数的观测值方面存在困难，而圈量子引力理论似乎更适用于这种情况。

除此之外，圈量子引力理论的研究还在稳步推进。肖邦·苏（Chopin Soo）和马丁·博乔沃尔德（Martin Bojowald）这两位年轻物理学家的工作，极大地促进了人们对经典宇宙学如何从圈量子引力理论中诞生的理解。新的自旋泡沫计算方法也给了我们非常满意的结果。例如，大量的计算结果给出了有限的、定义明确的答案，而传统的量子理论给出的答案则往往是无限的。这些结果进一步证明圈量子引力理论为量子引力理论提供了一个自洽的框架。

在结束之前，我想再次强调一下，这本书描述的是正在形成的科学。虽然有一些人认为，为了避免专家们的争论，科普应该局限于报道那些已经完全被实验证实的发现。但是这种方式会极大地限制科普，并且模糊科学和教条之间的界限，甚至替公众决定应该如何思考。要想让人们了解科学到底是如何开展研究的，我们必须打开大门，让公众看到我们寻找真相的过程。我们的任务应该是呈现所有的证据，并邀请读者自己思考。

这就是科学的悖论：它是一个有组织的，甚至是仪式化的领域，旨在支持一大批人自己思考、讨论和辩论他们得出结论的过程。

将量子引力等领域的争论公之于众，势必引起专家们的争议。在这本书中，我尝试以尽可能公正的态度对待量子引力的不同研究方法。尽管如此，还是有一些专家告诉我，我对弦理论的赞美还不够，或者是我对弦理论的缺点强调得还不够。一些同事抱怨说，我在著作和公开演讲中，没有足够强烈地支持我投身研究的圈量子引力理论，因为弦理论学家在他们自己的书中或演讲中，通常连圈量子引力理论，甚至是弦理论以外的任何东西都不会提到。的确，一位评论过这本书的弦理论学家称我是一个"特立独行的人"，他还提到，许多在量子引力领域取得重大发现的领军人物都没有研究过弦理论。我认为这种批评从两个方面证明，在我的书中，我做到了公平看待圈量子引力理论、弦理论和其他量子引力的方法的成功和失败之处。

　　与此同时，我不得不注意到，随着时间的推移，一些弦理论学家的思想局限性似乎抑制了弦理论的发展。许多弦理论学家似乎对那些在现有的弦理论框架内无法提出的合理问题不感兴趣。这也许是因为他们相信超对称比广义相对论中时空是一个动态的关系实体的经验更根本。然而，我怀疑这就是验证有关弦理论的关键问题，诸如使弦理论背景独立、理解因果结构动力学的作用等发展缓慢的主要原因，如果不在当前的弦理论上有所超越，这些问题就得不到有效解决。当然，可能有些人已经在研究这些问题了，我们也正在研究，即使我们不被正统派认为是"真正的弦理论学家"。

　　不过，我个人仍然是乐观的。我相信我们已经掌握了构成量子引力理论所需的所有要素，剩下的工作就是如何把各个部分整合在一起了。到目前为止，没有任何东西改变我的这些理解，即圈量子引力理论是一个完整的时空量子理论的自洽框架，弦理论还没有提供比这种理论更多的背景依赖近似。我也知道，作为对真实理论的近似，弦理论的某些方面可能会起作用，但如果要在两者之间做出选择，圈量子引力理论肯定是更深入、更全面的理论。此外，如果由圈量子引力理论预测的时空原子结构需要对狭义相对论进行修改，比如光速随能量大小而变化，这对弦理论来说就是一个挑战，因为它目前的形式假设理论在没有这种效应的情况下才是有意义的。所以，如果正如我在第 14 章猜想的那样，弦理论的一种形式可以由圈量子引力理论推导出来，它可能就是一种修正的形式。

　　但最重要的是，我和其他理论家在想什么无关紧要，重要的是实验会给出答案，而且很可能就在未来的几年之后。

新版后记

　　在我于 2000 年写成，并于次年出版这本书后，出版商给了我一个更新这本书的机会。最终我决定完整保留主要文本，并更新后记。这也就给了我一个机会来描述这些年来我们所取得的一些重要进展，并对我们这些年在量子引力方面的研究提出一些思考。

　　这本书做了两个预测，我们先来看看它们是否真能站得住脚。第一个预测是，2010—2015 年，我们将拥有量子引力理论的基本框架。第二个预测是，要形成量子引力理论的基本框架，需要将几种方法统一起来，特别是弦理论和圈量子引力理论。

　　那么，我们的进展如何？首先要说的

是，量子引力的问题还没有最终解决。尽管我们取得了很大
进展，但仍然没有确凿的证据。因为这首先需要对量子引力
理论的预测进行实验验证。其次，弦理论与圈量子引力理论
的统一也并没有取得多大进展，但我仍然有足够的理由相信
两者终会统一。因为这两种理论在电通量的量子化上有一
个共同的起源，就像力线的动力学一样。这两种理论有互
补的优势和劣势。但到目前为止，只有少数人尝试去实现
统一。

目前的状况是，这两种方法中的每一种都已经成熟到一
定的地步了，可以说我们已经可以看到一个稳定的想法和
结果的结构，并能够乐观地称之为"量子引力理论的基本
框架"。当然，两者的挑战和问题仍然存在，因此仍有工作
要做。更重要的是，这两个理论的预测都还没有得到实验
证实。所以，如果你对我很慷慨（或者，更恰当地说，对
2000 年写了这本书的我），并乐意相信"有一个可能的候
选人……"，那么，是的，我们有候选人。但我真正想说的
是，我们未来会和专家达成共识，让他们相信我们知道自然
是如何将空间、时间与量子结合在一起的，并且会成功预测
实验结果。不过到目前为止，我们还没有类似的东西。

与此同时，在过去的 15 年里，其他一些方法也得到了

发展。它们有一些还有听起来很专业的名字，比如因果动态三角（causal dynamical triangulations）、因果集（causal sets）、渐近安全（asymptotic safety）、量子图（quantum graphity）、形状动力学（shape dynamics）等。每一个都有一个核心成果，围绕着这些成果，我们可以讲述一个引人入胜的故事来提高人们对它的兴趣。不过每个方法都有一些难以解决的问题。

我更倾向于将量子引力的不同方法看作对可能的量子引力现象描述的对比，而不是一群竞争者争夺唯一的一顶皇冠。它们现在还只是模型，并非理论。不同的模型允许我们研究不同的问题。

在我看来，最有利于研究量子引力中心问题的方法和模型就是圈量子引力。它已经稳步克服了 15 年前遇到的种种困难。这些困难主要与爱因斯坦的广义相对论所描述的一个情况相关，即在比普朗克尺度大得多的尺度上，会出现一个平滑的经典时空。

这可能不会让读者感到惊讶，因为我就是圈量子引力理论的发明者之一，从传统的角度来看，我肯定认为圈量子引力最重要。但我也并不认为它是最有前途的理论，在过去的

15 年里，我有时也会把精力投入其他的研究方法上，包括弦理论和因果集。

同时，虽然我认为圈量子引力理论是很有前途的方法，但我也同样相信它本身不能完全解开量子引力之谜。正如我将在本后文结尾讨论的那样，量子引力的某些方面非常深奥，需要引入新的想法开展研究。圈量子引力理论的优点在于，它既干净利落地解决了广义相对论能否与量子理论统一的问题，又忠实于每个量子理论的原理。圈量子引力理论告诉我们，如何在量子和引力同等重要的普朗克尺度上描述空间和时间的几何。所以，圈量子引力理论的优缺点都在于一点：它仅限于研究量子理论和广义相对论的原理是否兼容的问题。

至于弦理论，这里有一个特殊的情况。自称是弦理论学家的人在过去的 15 年里做了很多漂亮的工作。但这些工作很少涉及弦理论成为自然理论可能遇到的关键障碍。所以，弦理论 15 年前就应该面对并解决的问题到现在还没有解决。这些问题包括弦理论的前景问题，因为没有设定前景，所以该理论没有做出任何明确或可证伪的预测，没有证据证明该理论确实对自然做出了有限（而非无限）的预测。并且，弦理论仍然缺乏一个背景独立的公式。此外，弦理论学家还普遍认为，我们不知道弦理论到底是什么，也不知道除了一个具有启发性但不完整的数学结果的网络外，是否有一个单一的相关理论存在。

那么弦理论学家一直在做什么呢？其中的许多人一直在发展全息理论，也就是本书第 12 章的主题。他们在研究一种被称为 AdS/CFT 的特殊方法。这确实是一件美丽的作品，我接下来将对它进行描述。然而，很明显，至少这种方法的一些见解是非常普遍的，并不局限于弦理论。我们非常感谢弦理论学家能够提出这个观点，但这并不能证明弦理论是正确的，因为它太宽泛，也可以在其他框架中理解和再现。不过，至少我们认同，弦理论的研究产生了重要而美丽的思想。

原理与成分

即使圈量子引力理论，或目前正在讨论的其他方法，被证明是量子引力的正确的基本框架，我们也没有足够的证据证明它就是那个能够解决问题的框架。我们确实比 15 年前更了解一些方法，也有了一些全新的方法，因此在这个意义上我们已经取得了很多进展。这太棒了，这使我乐观地认为问题终会得到解决。与此同时，我也很清楚，这种研究只有整体的胜利，无所谓部分的成功，因此，当我们发现正确的

量子引力理论时，该理论很可能与迄今为止人们所研究的任
何思想都无关。

　　我不会预测完成所有工作的日期。我已经比 15 年前年
长 15 岁了，所以我希望自己也能更睿智一点。

　　尽管数以百计的聪明而热心的研究者做了很多有益的工
作，但我们仍然没有解决量子引力的问题，这个事实值得深
思。自然是一个整体，所以肯定有答案。如果我们还没有找
到答案，那说明我们有可能做错了什么。最容易看出来的就
是实验非常之少，这无疑使事情变得非常困难。我在第 10
章和后记中描述了其中一种实验，一种借助天体物理学进行
观察的实验。在过去的 15 年里，这些实验已经有了很大的
进展，但是并没有发现量子引力的影响，甚至在灵敏度极高
的实验中也没有发现。

　　这是我怀疑我们可能偏离轨道的另一个原因。爱因斯
坦讲了两种理论，构成理论（constitutive theories）和原理
理论（principle theories）。构成理论假定世界是由什么构成
的，它们是描述特殊现象、特殊力和粒子的理论，比如麦克
斯韦的电磁理论和狄拉克的电子理论。原理理论提出了一般
原理，其普遍性要求自然界中的每个粒子和力都满足它们，

比如狭义相对论和热力学定律。

爱因斯坦告诉我们，当发现新的原理时，我们就加深了对自然的理解，并且是先有原理，后有理论。

弦理论和圈量子引力理论都是基于宇宙组成的假设。因此，它们和其他量子引力的主要方法都是构成理论。

也许我们应该听从爱因斯坦的建议，转而去寻找新的原理。下面介绍的就是我认为值得研究的两个原理。

全息原理

我在第 12 章介绍了全息原理。正如第 12 章解释的那样，该理论的基本想法是屏幕另一边的世界的描述可以编码成屏幕上的图片。更准确地说，可以想象屏幕是一个球体的表面，我们通过它来描述球体内部的系统。全息原理认为，描述球体内部物理态所需的所有信息都可以编码成位于球表面的自由度态。这种编码是数字化的，每平方普朗克长度就有 1 比特的信息。

1997 年，年轻的弦理论学家胡安·马尔达西那（Juan

Maldacena）提出了全息原理的一个版本，它改变了弦理论的研究，并在过去 20 年里成为弦理论的主导思想。

　　要描述马尔达西那的想法，我们最好从屏幕开始。这意味着我们认为屏幕定义了它自己的空间。这个想法似乎适用于任何维数，但对于有限性，你可以记住最容易想象的情况：这个屏幕空间是一个圆，它是一个球体的一维版本，使时空以及在时间上的演变成为一个二维圆柱。

　　这个屏幕有一个固定的时空几何，它在二维时空上定义了一个因果结构。在这个屏幕上，我们描述了一个普通的量子理论。我们坚持认为这一理论在二维时空中遵循狭义相对论，并且强加了一种对称：禁止存在任何固定的距离或时间尺度。因此，就像通过显微镜观察一样，任何现象的图片都可以被放大或缩小，由此我们可以得到一个可能的现象的图片。同样，时间也可以随着我们的喜好而加快或减慢。

　　你可能很熟悉慢速或加速录制音乐的效果。加快录音的速度，声音就会变得很高，就像米老鼠说话一样。慢下来，声音就会进入低音音域。我们仍然可以识别这些音乐，因为我们的听觉在一定的频率范围内会维持一个合适的近似尺度不变。

　　这种现象被称为尺度不变量，因为没有固定的尺度。这也可以被称为共形不变量，一个更专业的术语。具有这些对称性的理论被称为保角场理论，简称 CFT。

　　这些理论非常特殊。例如，如果一个理论包含一个有质量的粒子，根据相对论公式 $E=mc^2$，那么这个质量就对应一个能量。但是根据量子理论，能量对应频率，$f=E/h$。因此，质量给出了一个固定的频率，$f=mc^2/h$。但它在尺度变化的情况下不是固定的。所以，任何 CFT 都只能包含无质量的粒子，比如光子。

　　现在我们进入正题。尺度就像一个维度。你可以录下一个声音并加快它的速度，使它变得就像米老鼠在说话，然后重新录制原始声音，再同时听两个录音。更通俗地说，音乐由不同音阶的旋律线条组成，它们和谐地组合在一起。你可以在不改变女高音的情况下改变低音线。所以不同尺度的现象是共存的，很像不同地点的现象。

　　马尔达西那的想法是把尺度和维度之间的类比弄清楚。他设想，当你改变尺度，即加速或减慢某种模式时，就好像在一个额外的维度中移动。他指出，你可以通过在这个额外维度中移动来重建时空的几何结构，它是一个特殊的形状。

这个形状有两个空间维度和一个时间维度——时空屏幕的原始维度,加上一个空间维度来表示尺度的变化。此外,他还可以证明这个新空间是马鞍形的。

现在,有一个事实值得注意,这个马鞍形时空也是爱因斯坦广义相对论方程的解。这是一个很容易描述的问题,因为时空弯曲的方式与球体弯曲的方式相反,球面是正曲率而马鞍形是负曲率。在每一种情况下,曲率都是恒定的,与测量的时间和位置无关。

广义相对论中有一个常数叫作宇宙常数,它测量的是每立方厘米真空中的能量。我们的宇宙似乎有一个极小的宇宙常数,其值为正数。

马尔达西那找到了另一种方式来描述一个尺度变化无关紧要的量子世界,这个世界有额外的维度,而尺度变化用新维度的运动来表示。他发现这个新世界一定是负曲率,就像马鞍形一样。如果宇宙常数取负值,这个新世界就是爱因斯坦广义相对论方程的解。

马鞍形宇宙的学术名称是"反-德·西特时空"(Anti-deSitter spacetime)。它是能用负曲率或负宇宙常数描述

的最对称和最简单的时空。马尔达西那的描述方式被称为
"AdS/CFT 对偶"（AdS/CFT correspondence）。

马尔达西那和其他许多人利用这种对偶关系构造了一种
词典，或称为罗塞塔石碑。通过这种方法，在原来平滑且比
例不变的世界中，物理现象被翻译成马鞍形世界中具有一个
额外维度的等价描述。这本词典的许多词条因为其优美和微
妙之处而引人注目。这无疑是数学物理学的伟大成就之一。

在某些情况下，原始理论中的量子现象会转化为高维空
间中的引力现象。高维时空中爱因斯坦方程的解近似于低维
时空中的量子现象。例如，在低维时空中加热粒子气体相当
于在高维世界中形成黑洞，或者可以证明系统在低维世界中
的熵与在高维世界中悬浮的某个表面的面积有关。这加深了
熵与最初激发全息假说的贝肯斯坦界之间的对应关系。

物理学家对尺度不变现象很感兴趣，该现象通常发生在
经历相变的系统中。这些系统很难描述，因为尺度不变性意
味着可能会有复杂的现象在大尺度范围内蔓延。在某些情况
下，AdS/CFT 对偶是很有用的，其中包括现实世界中涉及
流体和金属的复杂现象的系统。

这种对应关系在科学上有一些应用。在这些应用中，真实物理系统中的尺度不变现象可以通过在一个具有额外维度的世界中的广义相对论的解来建模。在某些情况下，新描述比直接描述更简单、更强大。

马尔达西那最初的动机是受了弦理论的启发。但许多已经开发出来的应用却都与弦理论或量子引力理论无关。这些应用将低维空间中的量子理论与高维空间中的经典（即非量子）引力现象联系起来。正因如此，现在我们有了方法去理解和推导那些与弦理论或量子引力无关的对应关系。

尽管如此，所有这些对应关系都只能在某些近似下起作用。如果一个人能够超越这些近似，将会发生什么？这里有两个惊人的猜想。第一，我们将得到高维时空中的量子引力物理学。第二，这可以用弦理论来描述。这确实是马尔达西那在 1997 年的最初猜想。不过至今它们也还只是猜想而已。

如果第一个猜想被证明是正确的，那么在一个三维空间的世界里，量子引力将与一个二维空间的世界里的普通量子理论相联系。这将是相当了不起的，因为低维世界没有引力，并有一个固定的几何形状。而高维世界中的古典或量子引力现象，则都与低维、无引力世界中的热力学现象相对应。

这将是非常令人振奋的，因为我们对只有二维空间的模型世界中的物理知识有深刻理解。但这里有两点需要注意。首先，我们不知道对应是部分的还是整体的。因为这种对应关系是通过将低维世界的物理映射到高维世界来构建的，我们也不知道高维世界的每种现象在低维世界是否都有对应的现象。但描述全息原理的一种方法是它必须成立。其次，对应关系涉及的引力必须是负宇宙常数下的引力。这是不幸的，因为观测结果清楚地表明宇宙常数在自然界是正的。

可以肯定的是，人们尝试过将高维空间的宇宙常数设为正，但到目前为止，效果并不理想。

但是，即使 AdS/CFT 对偶给出了错误的宇宙常数的模型对量子引力世界的描述，即使对应关系并不完整，我们仍然可以学到很多关于量子引力的知识。例如，在一些模型中，额外维度的几何形状似乎可以测量量子纠缠。这便从旧观点中形成了新观点，并且这一旧观点可以追溯到罗杰·彭罗斯关于自旋网络的最初概念：在太空中靠得很近可能与量子纠缠物理相关或产生于量子纠缠。

马尔达西那的主要猜想提出了一种特殊的对应关系，即低维时空就像我们的世界一样具有三维空间。而高维世界则涉及一个特殊的弦理论，在这个世界中，4 个空间维度很大，形成了一个鞍状几何，而 5 个额外的空间维度被卷成一个五维球体的类似物。因此，高维世界实际上有 6 个额外的空间维度：如前所述，其中一个与低维世界的尺度对应，另外 5 个则是蜷缩的。

在这个九维的世界里，马尔达西那提出了弦理论的一个版本。在此基础上，他提出了一种存在于三维空间中的普通量子理论，其具有狭义相对论的对称性，并且在尺度变化下是对称的。他还假设，在许多附加的对称性下，对应的两边都是不变的。这实际上就是超对称性，即把费米子和玻色子或者是不同自旋的粒子联系起来的转换。在每一边，他都施加了一个理论所能支持的最大数量的超对称。

普通理论包括一个规范理论，就像杨·米尔斯理论，它控制着粒子物理标准模型的相互作用。但这个理论非常特殊，因为它具有与基本原理自洽的对称性和超对称性。因此，我们对它了解颇多，特别是在某种近似下，测量场的数量巨大的时候。这个理论更容易研究的一个原因是它是完全尺度不变的，这也正是粒子物理标准模型所不具备的。

　　马尔达西那之所以能取得进展，是因为存在这样一个显著的情况：当低维理论中的相互作用较强时，对应的高维理论中的相互作用较弱。但是弦理论中相互作用很弱时，对应的却是相对论。因此，他可以用相对论对规范理论的解做出推测，在近似中有很多规范场，所以相互作用很强。或者，他也可以采取另一种方式，当相对论下的相互作用比较强的时候，对弦理论的解进行计算并推测，看弦理论下的相互作用是否很弱，并近乎为零。

　　尽管推测可以这样优雅地表述，但是很少有推测得到证实。因为在每一种情况下，相互作用都很强时，这两种理论中的任何一种都无法解决。所以，尽管它激发了一个显著和广泛的结果，最初的马尔达西那猜想仍然只是一个猜想。然而，无论弦理论作为一种基本理论的最终命运如何，AdS/CFT 对偶都是一个富有成果的衍生品。

相对局部性原理

我认为值得研究的第二个原理是相对局部性原理。它是相对论原理的延伸，让我们先来解释一下。

相对论原理是由伽利略提出的，是爱因斯坦狭义相对论的基础。假设你在一个没有窗户的房间里，你好奇地想知道房间是否在移动，但你无法看到外面，所以你只能在房间内进行实验。

你可以确定的一件事是房间是否在加速。乘坐火车或飞机时，你很熟悉加速的感觉。但我们假设没有加速度，就像在平稳的飞行中一样，你能告诉我你是否在移动吗？

相对论认为，你不能。它断言，通过在房间里做实验，不可能给出房间的速度（速度和运动方向）的含义。速度的唯一含义是相对速度，即一个物体相对于另一个物体的速度。

爱因斯坦的狭义相对论就是从这一点发展而来的，再加上第二个假设，即光速是不变的。任意两个观察者测量一个光子的速度，结果都是一样的，不管其自身的运动如何。所以你不能通过测量光线穿过房间的时间来判断你的房间是否在移动。

这还有一个更深远的影响：没有任何东西比光速还快，包括粒子、力、能量和信息。这意味着物理学是局部性的：如果两个事件之间的距离比光信号所能跨越的距离还要大，那么这两个事件是相互独立的。这被称为局部性原理，也是本书前几章中描述的光锥和因果结构的基础。

但是在量子引力中，我们必须把时空理解为一个新兴的、近似的描述。局部性作为时空的一个方面，也必须是新兴和近似的。这表明在量子引力中局部性被破坏了。相对局部性是关于它如何发生的假设。

与整个宇宙相比，观察者是微小的。作为一个观察者，如果你想要描述一件发生在远离你的地方的事件，比如两颗行星的碰撞，你必须使用某种探针。探针可以是一种粒子或某种物体，可以被你发送到你想要观察的事件那里，并与事件相互作用后把收集到的信息反馈给你。

探针也可以像你发出的光子一样简单，它能在事件发生时从远处的物体发出反射，然后带着关于事件的一些信息返还给你。就像一张借助闪光灯拍下的朋友的照片，光子会首先从你的闪光灯发送到朋友的脸上，并从朋友脸上反射回你的相机，这样照片就会被记录下来。

爱因斯坦告诉我们，这样的程序是必要的，它能在空间和时间上给那个遥远的事件一个位置。到事件的距离是光子从你到物体再返回到你的一半时间乘以光速。你分配给远处事件的时间是你的时钟在你发出光子和光子返回之间的间隔读到一半的时间。

通过这种方式，只使用时钟和光子探针，你就可以为宇宙中遥远的事件分配位置和时间。你在这里所做的是构建时空作为宇宙的图像。而作为观察者，你只需要使用本地事件和时钟就可以了。

注意，为了获得距离，你需要发送光子，并在它返回时检测它。那么，如果你像天文学家用望远镜那样，只记录光进来时的图像会怎样呢？答案是你可以得到宇宙的图像，但是从你到你所拍摄的物体的距离很难确定，因为你不知道光已经运动了多久。要评估遥远的事件发生的地点和时间，并在它们在时空中展开时构建一个准确的事件图像，你需要进行双向旅行，也就是往返。

爱因斯坦在他 1905 年发表的关于狭义相对论的论文中，就已经在敦促我们如此看待时空。时空不是一种绝对存在的东西，而是一种由观察者收集的信息构成的宇宙历史的地图，重点在于它的构建。我们假设宇宙的历史是客观存在的，它是一个事件及其因果关系的系统，就像本书第一部分中描述的那样。但如果我们指的是一个四维几何，它的点与宇宙历史上的事件相对应的话，它就不需要构成一个时空。时空是一个由观察者用探针探索宇宙后构建的宇宙历史的图像。

为了解释我为什么强调这一点，让我们来思考两个问题。假设两个不同的观察者，在不同的地点，以不同的方式运动，但同样用光信号作为探针，构建一个时空中宇宙的图像。他们会构造出相同的时空吗？或者假设一个观察者使用两个不同的探针来探索宇宙，比如光子和中微子这两种不同的粒子，或者是红外线和 γ 射线这两种不同颜色的光。这两幅宇宙的图像会是一致的吗？

天文学家用了几种不同的探针来绘制宇宙地图。他们把这些地图称为天空，由可见光天空、红外天空、γ 射线天空等获得的图像组成。我们习惯于认为这些不同的天空是同一时空的图像。但真的是这样吗？

在回答这个问题之前，让我先说明两张宇宙地图作为时空图是如何不一致的。一种是可能违反了局部性原理。假设一个观察者看到两颗行星相撞，两者都变成了一堆乱石。根据局部性原理，这发生在它们碰撞时，而不是碰撞前后。但如果物理学不是局部性的，两颗行星都可能感觉到对方的存在，并在它们相距一定距离时就爆炸。

在狭义相对论和广义相对论中，两个不同的观察者构建同一个时空。而用不同的探针（如不同颜色的光）构建的太空时间是一致的。在这些理论中，我们有理由相信时空不仅仅是一个简单的结构，而且有一个普遍的客观现实，所有观察者对此的观察结果是一致的，并且不取决于所使用的探针的性质。

但我们在 2011 年发现，在一个由量子引力理论控制的宇宙中，情况可能并非如此。在量子引力相关的范围内，不同的观察者构建的空间和时间是不一致的。这些分歧还会随着两个观察者之间的距离（用探针的旅行时间来衡量）的增加而增加。比如，两名观察者不会就碰撞发生在本地还是非本地达成一致。

假设我们在地球上研究大型强子对撞机（LHC）的碰撞，

并观察其局部效应。我们看到两个质子碰撞、反冲，产生了大量的新粒子。与此同时，假设在遥远的星系中，一些观察者看到了同样的碰撞，他们发射出的光子反射了所涉及的粒子并返回到他们那里。这些遥远的观察者所看到的图像将显示两个质子相互反冲，并在它们相距一定距离时就产生了大量粒子。

碰撞有很多非本地的，观察者离事件越远，它就越是非本地的。这意味着当两个质子相互作用时，它们之间的距离会更远。

这并不是说物理学是非本地的。接近某一事件的观察者总是将该事件重构为局部事件。经验告诉我们，时空是一种构造，不同的观察者对此有不同的看法。在量子引力中，时空不是真实的。

此外，假设一个观察者用不同颜色的光子探测一个遥远的事件，观察者将构造一个非局部事件的图像。他们认为的非局部性事件的数量与他们用来测量事件的光子的能量成正比。

这些效应很像狭义相对论。在爱因斯坦的理论中，移动的时钟不会慢下来。任何观测者都能看到时钟相对于他们移动的速度减慢。如果鲍勃看到爱丽丝的时钟相对于他自己的时钟慢下来，那么爱丽丝看到的现象正相反，也就是说爱丽丝会看到鲍勃的时钟比她的慢。

爱丽丝没有看到鲍勃的时钟跑得比她的快。如果她看到了，他们就可以针对哪个时钟跑得更快达成一致，从而利用这些信息来客观地解释谁在移动，谁在原地不动。相对论的原理要求他们的观测结果是相同的，因此每个人都会看到时钟相对于他们移动的速度减慢。这告诉我们，影响与视角相关。

同样，每个观察者都认为附近的事件是局部的，而远处的事件是非局部的。我们称这种情况为相对局部性。相对局部性原理认为，这种时空分裂为观测者和探针依赖的时空结构的彩虹，是量子引力理论的特征。

因此，我们会看到大型强子对撞机中的质子在局部发生碰撞。但如果是一个遥远星系的观察者建造他们自己的大型强子对撞机呢？他们将在实验中看到质子在局部碰撞。但是我们看到他们的碰撞是非局部的，就像他们看我们这里的碰撞一样。

正确的理解应该是这样，现实，即量子时空，可以被视为经典时空的彩虹，每一个经典时空都给出了不同的视角。

在我们对此太过兴奋之前，我要强调一下，时空当然是一个具有有限有效域的结构。所谓时空，我指的是经典时空，它必须是对自然的近似，只是忽略了量子引力的影响。

然而，我们所了解的是一种非常具体的方式，即经典时空让位给更精确的量子时空描述。在经典时空变得无用之前，它粉碎成一场雨——经典时空之弓，每个观测者和作为探测器的光子能量各有一个。

相对局部性原理也可以被理解为量子引力的一种特殊近似。因为一个统一的理论可能有几种能够近似它的方法，有些可能很简单。量子引力被认为是引力与量子力学的统一。假设现在你想研究一些引力不重要的实验，那么你会发现量子理论就是你想要的。但现在你可以把量子理论理解为量子引力的近似，并且在这个近似值中，引力效应被关闭了。

或者你可以关闭量子效应，然后你就会看到爱因斯坦广义相对论所描述的世界，现在被理解为量子引力的近似。

　　相对局部性起源于一个了不起的情况：同时关闭引力效应和量子效应是可以实现的，但是如果你仔细地划分比例，就可以找到一个内核的纯量子引力现象，这并非关于引力或量子理论，而是两者兼顾的。就像柴郡猫的微笑一样，这是量子引力学对自然的新见解的核心。[①]

回到圈量子引力

　　让我们最终回到圈量子引力。就像一辆小火车一样，研究圈量子引力的人们一直在奋力前行，一个接一个地解决理论面临的关键挑战。虽然实验预测还没有得到证实，因此也没有确凿的证据，但这些结果依然推动着圈量子引力理论不断向前发展。

---

① 对于想了解更多细节的读者，我们可以用常量来考虑。引力现象的强度用牛顿引力常数 G 的值来衡量。量子效应的大小用普朗克常数 h 的值来衡量。相对论效应的重要性用光速 c 来衡量。量子引力理论统一了这三个理论，因此涉及三个常数：G、h 和 c。要关闭量子效应，只需将 h 设为零，只剩下两个常数：G 和 c。因此就有了爱因斯坦广义相对论所描述的世界。或者，你可以关闭引力效应，即将 G 设为零，那么剩下的就是量子理论和狭义相对论。现在来看普朗克质量 m_p，是 h/Gc^3 的平方根。我们可以关闭 G 和 h，但是要保持它们的比例不变，所以 m_p 是固定的。这给出了一个由两个固定常数 c 和 m_p 描述的世界。这就是相对局部性所描述的世界。

新的结果分为两类：自洽性检查和对新现象的描述，这些新现象在量子引力中是确凿无疑的，如果它们能被观测到的话。

我们在如下三个自洽性检查上取得了进展。

第一，亚历扬德罗·佩雷斯（Alejandro Perez）与他的合作者以及欧金尼奥·比安基（Eugenio Bianchi）的工作，大大促进了我们对黑洞熵的理解。黑洞的熵近似等于视界的面积除以四倍普朗克长度的平方。我们现在知道以前的计算是太天真了，但它的结果与一个叫作伊米尔齐参数（Immirzi parameter）的自由常数成比例。这与斯蒂芬·霍金的近似计算不一致，但最近的计算却与霍金的一致。结果是广义相对论取决于四个常数的选择，即牛顿的引力常数 G、光速 c、宇宙常数和伊米尔齐参数。伊米尔齐参数不常被讨论，但它确实存在。该常数测量了在镜子中观察一个系统时的某些不对称效应的大小。①

_____

① 关于黑洞熵的旧结果与最近的结果的区别在于，以前的平均计算结果保持黑洞面积固定，而佩雷斯和他的同事及比安基的平均计算结果则保持能量固定。

与霍金的计算相同，比安基还正确计算出了温度。我称之为自洽性检查，因为它们检查的是精确结果的自洽性。

第二个对自洽性的检查是，该理论是否解决了合理的问题，并给出了有限（而非无限）数字的答案。这对于理论的自洽性当然是必要的，因为早期背景相关的量子引力方法并没有通过这个检查。

在量子力学的路径积分方法中，我们要把所有给定的进入态可以演变成特定流出态的方式叠加起来。这通常有无数种可能发生的方式，所以可以很容易地给出无限的表达式。无限表达式可以通过两种方式堆积起来：添加无限数量的非常小的进程，或者将有限数量的任意大的进程相加。

由于量子几何的有限性和离散性，在圈量子引力理论中，任何事物的微小程度都有一个固定的极限，所以没有无限小的数值。但更困难的一点是，要确保没有无穷大。

这就是宇宙常数的作用所在。原来，宇宙常数确定了宇宙中任何基本过程的上限。宇宙常数越小，这个上限就越大。但只要宇宙常数是有限的，那么上限也是有限的，那么无穷大（无限）的表达式就不会出现。

完整的论证太过于学术，因此就不在这里展示了。但关键是，在包含了宇宙常数的情况下，该理论对合理的问题给出了有限的答案。

第三，将量子理论的原理应用到广义相对论中，就产生了圈量子引力理论。如果这个理论是自洽的，那么广义相对论就有可能回归，作为一种在量子效应可能很小的情况下有效的近似描述。这种情况可能涉及大范围的空间或时间，此时，量子几何的离散性可以被忽略。

这是一项艰巨的技术挑战，在撰写本文时，这个问题还没有得到完全的解答。但几个不同的结果给了我们证据来证明这是事实。

由于这些自洽性检查，我们越来越有信心使用圈量子引力来预测量子引力可以得到确凿证据。

经典的广义相对论要求大爆炸是时间的第一个时刻，在此之前什么都没有。在那一刻，世界从空无中诞生，引力场和物质密度是无穷大的。这些量是无穷大的态被称为奇点，这就是广义相对论所预言的宇宙的起源。

长期以来，人们一直推测量子引力理论将消除这种无穷大的态，取而代之的是一种早期的转变，在此期间，宇宙或宇宙的一部分将收缩到任意高的密度。而量子引力效应会阻止密度变得过高，取而代之的是"反弹"，在反弹中收缩一段时间，然后膨胀一段时间。从马丁·博乔沃尔德的工作开始，圈量子引力理论的计算证实了这一点。

为了进行这些计算，圈量子引力理论专门研究了宇宙学问题。这就产生了一类非常漂亮的宇宙学模型，即圈量子引力宇宙学模型。在过去的 20 年里，人们对这些问题进行了广泛的研究，并发现奇点被反弹所取代的结论是稳健的。

这些研究还有一些其他的结论。首先，它们可以包含反弹后的一段宇宙膨胀时期。其次，还有对宇宙微波背景辐射观测中波动谱的修正的预测。这些修正可能解释数据中的某些异常。

膨胀理论预测，宇宙早期产生的波动谱是噪声的来源，即导致更高或更低的温度区域。这些波动是由不确定性原理引起的，并且可以通过测量当时信号的温度来探测。

在不确定性原理认为必须波动的领域中，引力场本身就是其中之一。结果是，膨胀必然会产生嘈杂的引力波。这是由于偏振光的特殊模式导致的，这些引力波可以被检测到，不过其原因太复杂，不必在这里讨论。这是一个真正的量子引力效应，因为它是引力和不确定性原理的结合。圈量子引力理论对膨胀过程中产生的引力波引起的波动做了预测，称它们违反了镜像对称。这些引力波在镜子里看起来与直接观测的不同，而且它们之间的差异与伊米尔齐参数成正比。这是卡洛·康塔尔迪（Carlo Contaldi）、若昂·马京乔和我发现的。

2015 年，宇宙银河系外偏振背景图像组织（BICEP）宣布，他们已经观察到在宇宙微波背景辐射中存在一种极化模式，这种极化模式与在膨胀过程中产生的波动和嘈杂的引力波相自洽。这是非常令人振奋的，不仅因为它可能证实了膨胀理论的假设，还因为它可以证实我们的预测，即这些模式没有镜像对称。

但是，非常不幸的是，越来越多的研究发现，BICEP 的观测结果可能并不是由膨胀引起的，而是我们星系中尘埃辐射散射的结果。不过无论是关于膨胀还是膨胀期间的量子引力，到目前为止都还没有确凿的证据。随着对宇宙微波背景辐射的观测不断改善，这些现象仍可能被发现。

当我们追踪一颗非常巨大的恒星残骸的坍缩过程时，它会穿过自己的视界，形成一个黑洞。这颗恒星会继续坍缩，视界外的任何观测者都看不到它。那么它的命运是什么？自20 世纪 40 年代以来，这一直是量子引力理论需要回答的一个关键问题。

经典广义相对论预言，坍缩最终会形成一个奇点，在无穷大密度下永远冻结。但从 20 世纪 60 年代起，理论物理学家们就开始推测，就像宇宙奇点一样，量子效应可以抵抗无穷大密度的状态，即当恒星到达一个极端密度状态时，会反弹并再次膨胀。

这颗正在膨胀的恒星会发生什么？可能的结果取决于反弹是否足够强劲，能否穿透静止光的表面，即视界。

如果反弹的恒星不能超越视界怎么办？那么反弹会创造一个新的时空区域，这是未来奇点所在的地方，被称为婴儿宇宙。我在自己写作的第一本书《宇宙的生命》(*Life of the Cosmos*) 中探讨过这个问题。它描述了一个自然法则进化的可能场景。

但如果爆炸确实穿过了视界呢？那么，这颗恒星爆炸后又会回到太空，几乎与它的坍缩过程相反。

这个过程需要多长时间呢？根据时间的相对性，答案取决于观察者。从恒星携带的时钟来看，从坍塌到爆炸的整个过程只需要几秒钟。但远离黑洞的观察者看到的是它在缓慢运动。他们看到一颗正在坍缩的恒星产生了一个黑洞，这个黑洞可以稳定地存在几十亿年。突然，黑洞爆炸，将原来的恒星喷回太空。

这与霍金预测的情况大不相同。霍金预测，蒸发速度要慢得多，可能需要宇宙生命周期的很多很多倍。对于那些担心黑洞信息丢失的人来说，与蒸发快得多的事实相比，爆炸的黑洞是个好消息。当恒星爆炸、信息被爆炸传送到遥远的观测者手中时，几乎没有信息损失。

哈尔·哈格德（Hal Haggard）、卡洛·罗韦利和弗朗西斯卡·维多托（Francesca Vidotto）最近对这一过程进行了研究。他们认为，爆炸的黑洞可能是射电望远镜观测到的神秘信号的原因。如果真是这样的话，那我们已经看到了量子引力的确凿证据。

理论物理学的现状

我本可以在这里结束这个后记，但我没有，因为量子引力问题不是一个孤立的智力难题。我相信，要在量子引力方面取得决定性的进展，我们必须后退一步，在完整的背景下来看待它，它正在完成爱因斯坦在 1905 年通过两次推翻牛顿物理学发起的物理学革命。爱因斯坦在那一年开创了量子理论和相对论。结果，这场革命逐步扩展，已经扩展到了基本粒子物理学和宇宙学，甚至包括任何关于自然如何将量子与引力和相对论结合在一起的真知灼见，我坚信，突破必将在这些领域出现。

我们面临着一系列重要的谜团和谜题，每一个都是长期存在的，并且与量子引力问题并存。要解决这些问题，我们需要完成以下工作：

- 理解量子现象的谜题。我认为，这将需要我们完善量子力学理论，使之能够解决测量问题，并且必须是一个现实的且非局部的理论。
- 解释从各种同样自洽的理论中，为什么自然选择了粒子物理的标准模型，以及 29 个自由参数的值是如何被选出的。

- 解释为什么早期宇宙如此简单和对称。
- 解释为什么宇宙在时间上如此不对称。
- 搞明白暗物质是什么，或者通过改变作用于星系尺度及以上的引力来解释它的证据。牛顿引力有一种优雅的修正，能很好地解释星系中恒星的运动，它被称为蒙德修正。但到目前为止，它还没有在更大范围内以一种与相对论一致的方式得到令人信服的扩展。
- 解释暗能量是什么，并且解释为什么它这么小。

如果能提出一个量子引力的假说来解决这些难题，我们就有充分的理由相信自己在正确的轨道上。其中一个原因是，对这些谜题的任何见解都可能意味着可以通过新的实验加以验证。

我认为，以目前的思想和理论，这些见解是无法实现的。我们需要一些新的东西。而在目前的方法中，圈量子引力理论是最成功的，它在普朗克尺度上给出了一个连贯的关于自然的描述。但圈量子引力理论的缺点与优势同样突出，它只是一个统一广义相对论与量子理论的原理。

圈量子引力理论似乎给我们提供了一幅引人注目的、自洽的空间量子几何图像。但当问题涉及时间时，圈量子引力理论就没那么好用了。圈量子引力理论可以回答关于世界中小区域的问题，但当我们尝试把它扩展为整个宇宙的理论时，似乎就困难重重。我相信，解决所有这些难题需要一个革命性的新想法。正如我在其他地方所论述的，我相信这个新想法与时间的本质密切相关。

这种谜题和神秘性的结合，使现在的时刻成为科学所面临的最困惑和沮丧的时刻。我们这一代人花了几十年的时间努力解决这些问题，但还没有成功。我们将会继续努力，并且相信，新一代理论家将会跨越这些障碍，因为他们不会被旧思想所束缚。对他们来说，我们的失败和挫折代表着前所未有的机遇。在我们的理论基础之上，建立超越我们的理论，很快就会有人发现科学革命的关键，并最终解开量子引力之谜。这就是第三条道路，并且是正确的道路。

李·斯莫林
2017 年 5 月

绝对时空（absolute space and time）

牛顿关于空间和时间的观点。时空永恒存在，不论宇宙中是否存在物体，也不论宇宙中发生任何事件。

角动量（angular momentum）

与动量类似的旋转运动的度量。孤立系统的总角动量是守恒的。

背景（background）

任何一种科学模型或理论通常只描述宇宙的一部分。根据需要，宇宙其余部分的某些特征可能被包括，以定义被研究的那部分宇宙的属性。这些特征被称为背景。例如，在牛顿物理学中，空间和时间是背景的一部分，因为它们被认为是绝对的。

背景依赖（background dependent）

背景有所影响的理论，如牛顿物理学。

背景独立（background independent）

该理论不受宇宙划分影响，并不把其当作建模的一部分，而其余部分则被当作背景的一部分。通常认为广义相对论是背景独立的。因为空间和时间的几何形状不是固定的，而是随着时间的变化而变化的，就像电磁场一样。

贝肯斯坦界（Bekenstein bound）

贝肯斯坦界一侧的区域表面积和宇宙最大信息量之间的关系可以通过它到达另一侧的观察者。这种关系表明观察者可以获得的信息比特数不能超过普朗克单位表面面积的四分之一。

黑洞（black hole）

一个不能向外界发送信号的时空区域，因为所有发出的光都会回来。黑洞形成的方式之一是一颗巨大恒星耗尽其核燃料时的坍缩。

黑洞视界（black hole horizon）

即黑洞周围的表面，其内部是光信号无法逃逸的区域。

玻色子（boson）

一个角动量为普朗克常数整数倍的粒子。玻色子不遵守泡利不相容原理。

胚（brane）

胚是一种可能的几何特征。弦理论称它由嵌入空间的某种维度的表面组成，并随时间演化。例如，弦是一维胚。

因果关系（causality）

事件会受过去事件的影响的原理。在相对论中，只有当第一个事件的能量或信息传送到第二个事件时，前者才能对后者产生因果影响。

因果结构（causal structure）

因为能量和信息的传播速度是有上限的，所以宇宙历史上的事件可以按照它们可能的因果关系来组织。这表明，对于每一对事件，第一个事件是否在第二个事件的因果未来中，或者相反，又或者它们之间是否因为没有信号传播而不存在因果关系。这样一个完整的描述定义了宇宙的因果结构。

经典理论（classical theory）

任何与牛顿物理学有共同特征的物理理论，包括未来完全由现在决定，以及观察行为对所研究的系统没有影响的假设。这个术语主要用于描述任何不属于量子理论的理论。爱因斯坦的广义相对论被认为是一种经典理论。

经典物理学（classical physics）

经典物理学理论的集合。

自洽史（consistent histories）

量子理论的一种解释方法，它断言量子理论能够对一系列可替代历史选择的概率进行预测，前提是对这些概率的预测是自洽的。

连续（continuous）

用于描述一个平滑且不间断的空间。这种空间具有数轴的性质，即它可以用实数表示的坐标来量化。任何具有有限体积的连续空间区域都包含无穷无尽的不可数点。

连续体（continuum）

任何连续的空间。

曲率张量（curvature tensor）

爱因斯坦广义相对论中的基本数学对象。它决定了光锥的倾斜是如何在宇宙的历史中随时间和地点变化的。

自由度（degree of freedom）

指在物理理论中，任何可以独立于其他变量而指定的变量，并且该变量一旦指定，就会根据动力学定律随时间演化。例如粒子的位置以及电场和磁场的值。

微分同胚（diffeomorphism）

移动空间点的操作，只保留它们之间那些用于定义哪些点距离彼此更近的关系。

离散（discrete）

用于描述由有限数量的点组成的空间。

对偶性（duality）

对偶性原则适用于当两种描述是看待同一事物的不同方

式时的情况。在粒子物理学中，它通常指的是弦的描述和电场通量的描述或其一些概括的描述。

爱因斯坦方程组（Einstein equations）

广义相对论的基本方程。它们决定了光锥如何倾斜以及它们与宇宙中物质分布的关系。

电磁学（electromagnetism）

电和磁的理论，也包括光，由迈克尔·法拉第和詹姆斯·克拉克·麦克斯韦在 19 世纪提出。

熵（entropy）

物理系统无序程度的度量。它被定义为组成系统的原子的微观运动的信息量，而不由系统的宏观态描述所决定。

平衡（equilibrium）

当一个系统的熵值达到最大时，该系统就被定义为处于平衡态，或热力学平衡态。

事件（event）

在相对论中，在特定的空间点和时刻发生的事情。

不相容原理（exclusion principle）

见泡利不相容原理。

费米子（fermion）

一个角动量为普朗克常数二分之一的整数倍的粒子。费米子满足泡利不相容原理。

费曼图（Feynman diagram）

对几种基本粒子相互作用中可能发生的过程的描述。量子理论将这个过程发生的概率振幅分配给每个图。总概率与可能过程的振幅之和的平方成正比，每个过程都用费曼图表示。

场（field）

通过在每个空间和时间点上指定某个数值来描述的物理实体，例如电场和磁场。

未来（future）

一个事件的未来，或因果未来，包含了它通过发送能量或信息能影响的所有事件。

未来光锥（future light cone）

对于某一特定事件，通过以光速传播的信号可以到达的所有其他事件。由于光速是能量或信息传播的最大速度，因此事件的未来光锥标志着事件因果未来的极限。参见光锥。

广义相对论（general theory of relativity）

爱因斯坦的引力理论。在这个理论中，引力与物质分布对时空因果结构的影响有关。

图（graph）

由一组顶点组成，并由边连接。参见格点。

霍金辐射（Hawking radiation）

黑洞释放的热辐射，其温度与黑洞质量成反比。霍金辐射是由量子效应引起的。

隐变量（hidden variables）

推测的自由度，是量子理论中统计不确定性的基础。如果存在隐变量，那么量子理论中的不确定性可能只是我们对隐变量值的无知造成的，而非根本的不确定性。

视界（horizon）

即对于一个时空中的每个观察者来说，他们所无法看到或接收到任何信号的区域的表面。例如黑洞视界。

信息（information）

信号组织的一种度量，等于可以在信号中编码答案的"是 / 否"问题的数量。

扭结理论（knot theory）

数学的一个分支，用于分类不同的打结方式。

格点（lattice）

由有限数量的点组成的空间，附近的点由称为边的线连接。格点通常区别于图，因为格点是有规则结构的图。图 9-4 展示了一个格点。

格点理论（lattice theory）

认为时空是格点的一种理论。

光锥（light cone）

光信号可以通过某一单个事件传播到未来或来自过去的

所有事件。因此，我们可以区分未来光锥和过去光锥，前者包含了可以通过光进入未来而达到的事件，后者包含了可以通过光回到过去而到达的事件。

连接（link）

如果两条曲线在不经过另一条曲线的情况下不能被分开，则它们在三维空间相连。

圈（loop）

在空间中画的圆。

圈量子引力理论（loop quantum gravity）

量子引力的一种方法。在这种方法中，空间是由圈之间的关系构成的。最初，圈量子引力是通过将量子理论应用到阿米塔巴·森和阿希提卡发现的广义相对论公式中而得到的。

多世界诠释（many-worlds interpretation）

量子理论的一种诠释。根据多世界诠释理论，对一个量子系统可能的不同观测结果存在于不同的宇宙中，并且所有的宇宙都以某种方式共存。

M 理论（M theory）

将不同的弦理论统一起来的推测理论。

牛顿的引力常数（Newton's gravitational constant）

测量引力强度的基本常数。

牛顿物理学（Newtonian physics）

所有的物理理论都是建立在牛顿运动定律的基础上的。参考经典物理学，它们是同义术语。

非交换几何（non-commutative geometry）

对空间的一种描述。在这种描述中，无法确定足够的信息来定位一个点，但它可以具有空间的许多其他属性，包括它可以支持对随时间演化的粒子和场的描述。

过去或因果过去（past or causal past）

对于一个特定的事件，所有其他可能通过向它发送能量或信息来影响它的事件。

过去光锥（past light cone）

事件的过去光锥包含了所有可能向其发送光信号的事件。

泡利不相容原理（Pauli exclusion principle）

两个费米子不能完全处于同一量子态的原理。以沃尔夫冈·泡利的名字命名。

微扰理论（perturbation theory）

在物理学中进行计算的一种方法。在这种方法中，某些现象以某种稳定态的微小偏差或振荡或这种振荡之间的相互作用来表示。

普朗克尺度（Planck scale）

量子引力效应较强的距离、时间和能量的尺度。它大致由普朗克单位定义——普朗克尺度上的过程大约需要一个普朗克时间，即 10^{-43} 秒。如果想要在普朗克尺度上观察，就必须能够探测普朗克长度的距离。这大约是 10^{-33} 厘米。

普朗克常数（Planck's constant）

设定量子效应尺度的基本常数。通常用 h 表示。

普朗克单位（Planck units）

量子引力理论中测量的基本单位。每一个都是由三个基本常数的独特组合给出的：普朗克常数，牛顿引力常数和光速。普朗克单位包括普朗克长度、普朗克能量、普朗克质量、普朗克时间和普朗克温度。

量子色动力学（quantum chromodynamics, QCD）

夸克之间的力的理论。

量子电动力学（quantum electrodynamics, QED）

量子理论与电动力学的结合。它用量子的术语描述光、电和磁力。

量子宇宙学（quantum cosmology）

试图用量子理论的语言来描述整个宇宙的理论。

量子引力（quantum gravity）

将量子理论与爱因斯坦广义相对论相结合的理论。

量子理论或量子力学（quantum theory or quantum mechanics）

试图解释物质和辐射行为的物理学理论。它基于不确定性原理和波粒二象性。

量子态（quantum state）

根据量子理论，对系统在某一时刻的完整描述。

夸克（quark）

构成质子或中子的基本粒子。

实数（real number）

连续数轴上的一点。

关系（relational）

对两个对象之间关系的属性的描述。

关系量子理论（relational quantum theory）

量子理论的一种诠释。根据关系量子理论，粒子或任何宇宙的子系统的量子态，都是由背景定义的。这个背景是由一个观察者的存在、包含该观察者的一部分宇宙，以及观察者可以接收到信息的另一部分宇宙所创造的。这并非绝对，但却是唯一的可能。关系量子宇宙学是量子宇宙学的一种方法，它断言宇宙中不只有一个量子态，而是有多少环境就有多少态。

相对论（relativity theory）

爱因斯坦的时空理论，包括狭义相对论和广义相对论。狭义相对论描述了没有引力的时空的因果结构；广义相对论认为，因果结构成为一个动力实体，部分由物质和能量的分布决定。

热力学第二定律（second law of thermodynamics）

这条定律规定孤立系统的熵只会随时间增加。

时空（spacetime）

宇宙的历史，包括宇宙中所有的事件和它们的关系。

光速（speed of light）

光传播的速度，也是能量和信息传播的最大速度。

自旋（spin）

基本粒子的角动量，是粒子的固有性质，与它的运动无关。

自旋网络（spin network）

用代表自旋的数字标记其边缘的图形。在圈量子引力中，空间几何的每个量子态都用自旋网络表示。

自发对称性破缺（spontaneous symmetry breaking）

在这种现象中，一个系统的稳定态可能比控制系统的定律更不对称。

态（state）

在任何物理理论中，系统在特定时刻的配置。

弦（string）

弦理论中的基本物理实体，它的不同态代表不同的基本粒子。弦可以可视化为路径或圈，并且通过背景空间传播。

弦理论（string theory）

弦在背景时空内传播和相互作用的理论。

超对称（supersymmetry）

在这个推测的基本粒子物理和弦理论对称中，玻色子和费米子是成对存在的，每个粒子都有相同的质量和相互作用。

超引力（supergravity）

爱因斯坦广义相对论的延伸。在广义相对论中，不同种类的基本粒子通过一个或多个超对称相互联系。

对称（symmetry）

通过这种操作，可以在不影响物理系统可能是系统态或

系统历史的情况下改变它。由对称连接的两种态具有相同的
能量。

温度（temperature）

大系统中粒子或振型的平均动能。

热平衡或热力学平衡（thermal or thermodynamic equilibrium）

见平衡。

拓扑斯理论（topos theory）

一种数学语言，适用于描述特征与环境相关的理论，如
关系量子理论。

扭量理论（twistor theory）

罗杰·彭罗斯发明的一种研究量子引力的方法。其主要
元素是因果过程，而时空事件则是根据因果过程之间的关系
来构建的。

不确定性原理（uncertainty principle）

量子理论中的一种原理。根据这个原理，我们既不能同
时测量粒子的位置和动量（或速度），也不能同时测量任何
系统的态和变化率。

波粒二象性（wave-particle duality）

量子理论的一种原理。根据这个原理，人们可以根据环境把基本粒子描述为粒子和波。

未来，属于终身学习者

我这辈子遇到的聪明人（来自各行各业的聪明人）没有不每天阅读的——没有，一个都没有。巴菲特读书之多，我读书之多，可能会让你感到吃惊。孩子们都笑话我。他们觉得我是一本长了两条腿的书。

———查理·芒格

互联网改变了信息连接的方式；指数型技术在迅速颠覆着现有的商业世界；人工智能已经开始抢占人类的工作岗位……

未来，到底需要什么样的人才？

改变命运唯一的策略是你要变成终身学习者。未来世界将不再需要单一的技能型人才，而是需要具备完善的知识结构、极强逻辑思考力和高感知力的复合型人才。优秀的人往往通过阅读建立足够强大的抽象思维能力，获得异于众人的思考和整合能力。未来，将属于终身学习者！而阅读必定和终身学习形影不离。

很多人读书，追求的是干货，寻求的是立刻行之有效的解决方案。其实这是一种留在舒适区的阅读方法。在这个充满不确定性的年代，答案不会简单地出现在书里，因为生活根本就没有标准确切的答案，你也不能期望过去的经验能解决未来的问题。

而真正的阅读，应该在书中与智者同行思考，借他们的视角看到世界的多元性，提出比答案更重要的好问题，在不确定的时代中领先起跑。

湛庐阅读App：与最聪明的人共同进化

有人常常把成本支出的焦点放在书价上，把读完一本书当作阅读的终结。其实不然。

时间是读者付出的最大阅读成本

怎么读是读者面临的最大阅读障碍

"读书破万卷"不仅仅在"万"，更重要的是在"破"！

现在，我们构建了全新的"湛庐阅读"App。它将成为你"破万卷"的新居所。在这里：

● 不用考虑读什么，你可以便捷找到纸书、电子书、有声书和各种声音产品；

● 你可以学会怎么读，你将发现集泛读、通读、精读于一体的阅读解决方案；

● 你会与作者、译者、专家、推荐人和阅读教练相遇，他们是优质思想的发源地；

● 你会与优秀的读者和终身学习者为伍，他们对阅读和学习有着持久的热情和源源不绝的内驱力。

从单一到复合，从知道到精通，从理解到创造，湛庐希望建立一个"与最聪明的人共同进化"的社区，成为人类先进思想交汇的聚集地，与你共同迎接未来。

与此同时，我们希望能够重新定义你的学习场景，让你随时随地收获有内容、有价值的思想，通过阅读实现终身学习。这是我们的使命和价值。

本书阅读资料包

给你便捷、高效、全面的阅读体验

图书在版编目（CIP）数据

李·斯莫林讲量子引力/（美）李·斯莫林著；高晓鹰译. 一成都:电子科技大学出版社, 2021.12

ISBN 978-7-5647-9340-1

Ⅰ.①李… Ⅱ.①李…②高… Ⅲ.①引力量子理论—研究Ⅳ.①O412.1

中国版本图书馆 CIP 数据核字（2021）第 246280 号
著作权合同登记号
图进字：01-2021-480

李·斯莫林讲量子引力

李·斯莫林　著

高晓鹰　译

策划编辑　段　勇
责任编辑　段　勇

出版发行　电子科技大学出版社
　　　　　成都市一环路东一段 159 号电子信息产业大厦九楼　　邮编　610051
主　　页　www.uestcp.com.cn
服务电话　028-83203399
邮购电话　028-83201495

印　　刷　唐山富达印务有限公司
成品尺寸　147mm×210mm
印　　张　11.125
字　　数　202 千字
版　　次　2021 年 12 月第 1 版
印　　次　2021 年 12 月第 1 次印刷
书　　号　ISBN 978-7-5647-9340-1
定　　价　89.90 元